从 新 手 到 高 手

刘艺／编著

Premiere Pro

2020 从新手到高手

清华大学出版社

北京

内 容 简 介

本书是为Premiere Pro 2020软件初学者量身定做的一本实用型学习手册，本书内容丰富，语言通俗易懂，讲解深入透彻，案例精彩，且实用性强。通过本书，读者不但可以系统、全面地学习Premiere Pro 2020的基本知识和基础操作，还可以通过大量精美范例，拓展设计思路。

本书共分为12章，从基本的Premiere Pro 2020工作界面介绍开始，逐步深入讲解素材采集、素材剪辑、特效应用、关键帧应用、叠加与抠像操作、调色、字幕添加、音频处理等软件核心功能及操作，最后通过两个综合实例，帮助读者回顾前面所学的软件基础操作，并能灵活地将所学知识运用到实际工作中去。

本书适合Premiere Pro零基础读者学习，也适合用作大中专院校和培训机构相关专业教材，同时适用于广大视频编辑爱好者、影视动画制作者、影视编辑从业人员学习参考。

图书在版编目(CIP)数据

Premiere Pro 2020 从新手到高手 / 刘艺编著 . —北京：清华大学出版社，2020.7（2022.8 重印）

（从新手到高手）

ISBN 978-7-302-55604-6

Ⅰ.①P… Ⅱ.①刘… Ⅲ.①视频编辑软件 Ⅳ.① TN94

中国版本图书馆 CIP 数据核字（2020）第 089369 号

责任编辑： 陈绿春
封面设计： 潘国文
版式设计： 方加青
责任校对： 徐俊伟
责任印制： 曹婉颖

出版发行： 清华大学出版社

   网 址： http://www.tup.com.cn，http://www.wqbook.com

   地 址： 北京清华大学学研大厦 A 座   **邮 编：** 100084

   社 总 机： 010-83470000   **邮 购：** 010-62786544

   投稿与读者服务： 010-62776969，c-service@tup.tsinghua.edu.cn

   质 量 反 馈： 010-62772015，zhiliang@tup.tsinghua.edu.cn

印 装 者： 三河市龙大印装有限公司

经 销： 全国新华书店

开 本： 188mm×260mm **印 张：** 15 **字 数：** 454 千字

版 次： 2020 年 8 月第 1 版 **印 次：** 2022 年 8 月第 2 次印刷

定 价： 79.00 元

产品编号：087352-01

Premiere Pro 2020是Adobe公司推出的一款专业且功能强大的优质视频编辑软件，该软件为用户提供了素材采集、剪辑、调色、特效、字幕、输出等一整套操作，编辑方式简便实用，被广泛应用于电视节目制作、自媒体视频制作、广告制作、视觉创意等领域。

一、编写目的

基于Premiere Pro 2020软件强大的视频处理能力，编者力图编写一本全方位介绍Premiere Pro软件操作方法与使用技巧的工具书。本书内容以"基础知识+功能详解+实战操作"的形式展开，在详细讲解软件基本操作的同时，鼓励读者动手制作，以边学边做的形式逐步掌握软件各项功能的使用。

二、本书内容安排

本书是一本全面且系统讲解Premiere Pro 2020软件的专业教材，全书共分12章，为读者精心安排了众多极具针对性和实用性的案例，除了介绍Premiere Pro 2020的各项入门操作，还提供了实用性极强的行业视频实例。本书内容丰富，涵盖面广，通俗易懂，能让初学者快速领悟技术操作要点，轻松掌握Premiere Pro 2020软件的使用技巧和具体应用；让有一定基础的读者高效掌握重点和难点知识，快速提升视频编辑制作的技能。

本书的内容安排具体如下。

章　名	内　容　安　排
第1章　视频编辑基础	本章介绍视频编辑工作中常见的专业术语、电视制式、常用视频和音频格式、非线性编辑等内容
第2章　认识Premiere Pro 2020	本章介绍了Premiere Pro 2020软件的安装、工作界面、首选项设置、项目与素材的基本操作、输出影片等内容
第3章　素材的采集	本章主要介绍了使用Premiere Pro 2020进行视频和音频素材采集的方法
第4章　视频素材的剪辑	本章讲解了视频素材剪辑的各类操作方法，包括剪辑工具的使用、取消视音频链接、调整素材的播放速度、分割素材等内容
第5章　视频过渡效果	本章主要介绍了Premiere Pro 2020中各类视频过渡效果的使用方法
第6章　关键帧动画	本章主要讲解了关键帧的应用方法，包括创建关键帧、移动关键帧、删除关键帧、复制关键帧等内容

续表

章　　名	内 容 安 排
第7章　叠加与抠像	本章包括键控特效的应用、各类叠加与抠像效果的介绍、通过素材的色度进行抠像等内容
第8章　颜色的校正与调整	本章包括设置图像控制类效果、设置过时类效果、设置颜色校正效果等内容
第9章　字幕的创建与编辑	本章包括创建字幕的方法、字幕素材的编辑、制作滚动字幕、为字幕添加样式等内容
第10章　音频效果	本章包括调整音频素材、调整音频增益与速度、音频效果等内容
第11章　综合实例——电商狂欢促销宣传片	本章以案例的形式介绍了电商狂欢促销宣传片的制作方法
第12章　综合实例——动感快闪图文展示视频	本章以案例的形式介绍了动感快闪图文展示视频的制作方法

三、本书写作特色

本书以通俗易懂的语言，结合实用性极强的操作实例，全面且深入地讲解了Premiere Pro 2020这款功能强大、应用广泛的视频处理软件。总的来说，本书具备如下一些特点。

➢ 由易到难 轻松学习

本书站在初学者的角度，由浅入深地对Premiere Pro 2020的工具、功能和技术要点进行了讲解。本书实例涵盖面广泛，从基本操作到行业应用均有涉及，可满足日常生活或工作中的各类视频制作需求。

➢ 全程图解 一看即会

本书内容通俗易懂，以图解为主、文字为辅的形式向读者详解各类操作。书中的辅助插图，更可以帮助读者在阅读文字的同时，轻松、快捷地理解软件操作。

➢ 知识点全 一网打尽

除了基本内容的讲解，在本书的操作步骤中给出了实用的"提示"，用于对相应概念、操作技巧和注意事项等进行深层次的解读。因此，本书可以说是一本不可多得的、能全面提升读者软件操作技能的练习手册。

四、配套资源下载

本书的相关教学视频和配套素材请扫描右侧的二维码进行下载。

如果在配套资源的下载过程中碰到问题，请联系陈老师，联系邮箱chenlch@tup.tsinghua.edu.cn。

教学视频　　　　配套素材

五、作者信息和技术支持

本书由刘艺编著。在本书的编写过程中，我们以科学、严谨的态度，力求精益求精，但疏漏之处在所难免，如果发现任何技术上的问题，请读者扫描右侧的二维码，联系相关技术人员进行解决。

编者

2020年1月

技术支持

从事影视相关工作需要具备一些基本知识和相关理论，以加深对视频编辑工作的认识和领悟。本章就将为各位读者介绍视频编辑中的一些基础理论，具体内容包括常见视频编辑术语、电视制式介绍、常用视音频格式、图像基础知识，以及线性编辑和非线性编辑等内容。

本章重点

- ⊙ 视频编辑常见专业术语
- ⊙ 非线性编辑
- ⊙ 影视制作常用格式

1.1 视频编辑术语

许多初学视频剪辑的新手会在视频编辑工作中接触到一些专业词汇，例如：关键帧、帧速率、序列、缓存等。在正式学习视频剪辑操作前，了解这些视频编辑术语的含义，能帮助用户更好地掌握视频编辑工作的要义，并且能在一定程度上提升工作效率。

1.1.1 视频的概念

视频，又称视像、视讯、录影、录像、动态图像、影音，泛指一系列静态影像以电信号方式加以捕捉、记录、处理、储存、传送与再现的各种技术。视频的原理可通俗理解为：连续播放的静态图片，造成人眼的视觉残留，从而形成连续的动态影像。

1.1.2 常见专业术语

视频编辑中的常见术语主要有以下几个。

- ➤ 时长：指视频的时间长度，基本单位是秒。在Premiere Pro中所见的时长 00:00:00:00，如图1-1所示，分别代表的是"时：分：秒：帧"。

图1-1

- ➤ 帧：视频的基本单位，可以理解为一张静态图片就是一帧。
- ➤ 关键帧：这是素材中的特定帧，标记为进行特殊的编辑或其他操作，以便控制完成动画的流、回放或其他特性。
- ➤ 帧速率：代表每秒播放帧的数量，单位是每秒多少帧（fps），帧速率越高，视频会越流畅。
- ➤ 帧尺寸：代表帧（视频）的宽和高，宽和高用像素数量表示，帧尺寸越大，视频画面也就越大，像素数也越多。

➢ 画面尺寸：即实际显示画面的宽和高。

➢ 画面比例：视频画面实际显示宽和高的比值，即常说的4：3、16：9。

➢ 画面深度：指的是色彩深度，对普通的RGB视频来说，8bit是最常见的。

➢ Alpha通道：R、G和B颜色通道之外的另一种图像通道，用来存储和传输合成时所需要的透明信息。

➢ 锚点：在使用运动特效时用来改变片段中心位置的点。

➢ 缓存：计算机内存中一块用来存储静止图像和数字影片的区域，它是为影片的实时回放而准备的。

➢ 片段：由视频、音频、图片或任何能够输入Premiere Pro中的类似内容所组成的媒体文件。

➢ 序列：由编辑过的视频、音频和图形素材组成的片段。

➢ 润色：通过润色声音的音量，重录对白的不良部分，以及录制旁白、音乐和声音效果，来创建高质量混音的过程。

➢ 时间码：存储在帧画面上用于识别视频帧的电子信号编码系统。

➢ 转场：两个编辑点之间的视觉或听觉效果，例如视频叠化或音频交叉渐变。

➢ 修剪：通过对多个编辑点进行细小调整来精确序列。

➢ 变速：在单个片段中，前进或倒转运动时动态改变速度。

➢ 压缩：对编辑好的视频进行重新组合时，减小剪辑文件容量大小的方法。

➢ 素材：影片的一小段或一部分，可以是音频、视频、静态图像或标题字幕。

1.1.3　分辨率

　　分辨率是指用于度量图像内数据量多少的一个参数。在一段视频作品中，分辨率是非常重要的，因为它决定了位图图像细节的精细程度。通常情况下，图像的分辨率越高，所包含的像素就越多，图像就越清晰。但需要注意的是，存储高分辨率图像也会相应增加文件占用的存储空间。我们可以把整个图像想象成是一个大型的棋盘，而分辨率的表示方式就是棋盘上所有经线和纬线交叉点的数目。以分辨率为2436×1125的手机屏幕来说，它的分辨率代表了每一条水平线上包含有2436个像素点，共有1125条线，即扫描列数为2436列，行数为1125行。

　　这里以Premiere软件为例，在进入"新建序列"对话框后，单击顶部的"设置"按钮，然后在界面中单击展开"编辑模式"下拉列表，在列表中有多种分辨率的预设类型可供选择，如图1-2所示。

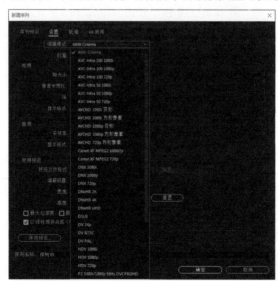

图1-2

提示 📢 当在Premiere Pro中设置"宽度"和"高度"的数值后，序列的宽高比也会随数值进行更改。

1.2 影视制作常用格式

在影视制作中会用到视频、音频及图像等素材，在正式学习Premiere软件的操作之前，大家应当对视频编辑的规格、标准有清晰的认识。

1.2.1 电视制式

电视广播制式主要分为NTSC、PAL、SECAM这3种，由于各国对电视影像制定的标准不同，其制式也会有所不同。

1. NTSC制

正交平衡调幅制，英文全称为National Television Systems Committee（国家电视系统委员会制式），简称NTSC制。该制式是1952年由美国国家电视标准委员会指定的彩色电视广播标准，主要在美国、加拿大、日本、中国台湾，以及大部分中美和南美地区被采用。

NTSC制式的帧频约为30fps（实际为29.97fps），每帧525行262线，标准的分辨率为720×480，24比特的色彩位深，画面比例为4：3或16：9。NTSC制式虽然解决了彩色电视和黑白电视广播相互兼容的问题，但是存在相位容易失真、色彩不太稳定的缺点。图1-3所示为在Premiere中新建序列时，软件提供的几种NTSC制式类型。

图1-3

2. PAL制

正交平衡调幅逐行倒相制，英文全称为Phase-Alternative Line，简称PAL制。该制式是西德在1962年指定的彩色电视广播标准，采用逐行倒相正交平衡调幅的技术方法，克服了NTSC制相位敏感造成色彩失真的缺点，主要在英国、中国、澳大利亚、新西兰和欧洲大部分国家被采用。

PAL制式的帧频是25fps，每帧625行312线，标准分辨率为720×576，画面比例为4：3。PAL制式对相位失真不敏感，图像彩色误差较小，但编码器和解码器都比NTSC制式的复杂，信号处理也较麻烦，接收机的造价也高。图1-4所示为在Premiere中新建序列时，软件提供的几种PAL制式类型。

图1-4

3. SECAM制

行轮换调频制，英文全称为Sequential Coleur Avec Memoire，简称SECAM制。该制式是顺序传送彩色信号与存储恢复彩色信号制，由法国在1956年提出、1966年制定的一种新的彩色电视制式，主要在法国、俄罗斯和中东等地区被采用。

SECAM制式的帧频为25fps，每帧625行312线，隔行扫描，画面比例为4∶3，标准分辨率为720×576。SECAM制式的特点是不怕干扰，彩色效果好，但兼容性差。

1.2.2 视频的色彩系统

色彩是人的眼睛对于不同频率的光线的不同感受。在色彩学中，人们建立了多种色彩模型，以一维、二维、三维甚至四维空间坐标来表示某一色彩，遮罩坐标系统所能定义的色彩范围即"色彩空间"（源于西方的Color Space，又称为色域）。常用的色彩模型有RGB、HSV、HIS、LAB、CMY等。

1. RGB色彩模型

RGB模型通常采用图1-5所示的单位立方体来表示。在立方体的主对角线上，各原色的强度相等，产生由暗到明的白色，也就是不同的灰度值。（0，0，0）为黑色，（1，1，1）为白色。正方体的其他六个角点分别为红、黄、绿、青、蓝和品红。

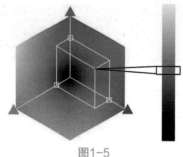

图1-5

2. HSV模型

HSV模型中的每一种颜色都是由色相（Hue，简称H）、饱和度（Saturation，简称S）和明度（Value，简称V）所表示的。如图1-6所示，HSV模型对应了坐标系中的一个圆锥形子集，圆锥的顶面对应V=1，它包含RGB模型中的R=1、G=1、B=1这3个面，所代表的颜色较亮；色彩H由绕V轴的旋转角给定。红色对应角度0°，绿色对应角度120°，蓝色对应角度240°。在HSV颜色模型中，每一种颜色和它的补色相差180°。

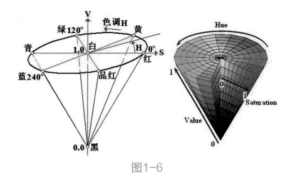

图1-6

1.2.3 常用视频格式

视频格式是视频播放软件为了能够播放视频文件而赋予视频文件的一种识别符号，可以分为适合本地播放的本地影像视频和适合在网络中播放的网络流媒体影像视频两大类。视频格式实际上是一个容器里包裹着不同的轨道，使用容器的格式关系到视频的可扩展性。

下面为大家介绍几种常见的视频格式。

1. AVI

AVI（Audio Video Interleave），即音频视频交叉存取格式。1992年初Microsoft公司推出了AVI技术及其应用软件VFW（Video for Windows）。在AVI文件中，运动图像和伴音数据是以交织的方式存储，并独立于硬件设备。这种按交替方式组织音频和视像数据的方式，可使得读取视频数据流时能更有效地从存储媒介得到连续的信息。构成一个AVI文件的主要参数包括视像参数、伴音参数和压缩参数等。AVI具有非常好的扩充性。这个规范由于是由微软制定，因此微软全系列的软件包括编程工具VB、VC都提供了最直接的支持，因此更加奠定了AVI在PC上的视频霸主地位。由于AVI本身的开放性，获得了众多编码技术研发商的支持，不同的编码使得AVI不断被完善，现在几乎所有运行在PC上的通用视频编辑系统，都是以支持AVI为主的。

2. FLV

FLV格式是FLASH VIDEO格式的简称，随着Flash MX的推出，Macromedia公司开发了属于自己的流媒体视频格式——FLV格式。FLV流媒体格式是一种新的视频格式，由于它形成的文件极小、加载速度也极快，这就使得网络观看视频文件成为可能。FLV视频格式的出现有效地解决了视频文件导入Flash后，使导出的SWF格式文件体积庞大，不能在网络上很好地使用等缺点。

3. MOV

MOV格式是美国Apple公司开发的一种视频格式。MOV视频格式具有很高的压缩比率和较完美的视频清晰度，其最大的特点还是跨平台性，不仅能支持Mac OS，也能支持Window操作系统。MOV格式的文件主要由QuickTime进行播放，该格式具有跨平台、存储空间要求小等技术特点，此外，采用了有损压缩方式的MOV格式文件，画面效果较AVI格式要稍微好一些。

4. MPEG

MPEG（Moving Picture Export Group）是1988年成立的一个专家组，它的工作是开发满足各种应用的运动图像及其伴音的压缩、解压缩和编码描述的国际标准。到2004年为止，开发和正在开发的MPEG标准有MPEG-1、MPEG-2、MPEG-4、MPEG-7和MPEG-21。MPEG系列国际标准已经成为影响最大的多媒体技术标准，对数字电视、视听消费电子产品、多媒体通信等信息产业中的重要产品都产生了深远的影响。

5. WMV

WMV格式（Windows Media Video），是微软推出的一种采用独立编码方式、并且可以直接在网上实时观看视频节目的文件压缩格式。WMV视频格式的主要优点有：本地或网络回放、可扩充的媒体类型、可伸缩的媒体类型、多语言支持、环境独立性、丰富的流间关系以及扩展性等。

6. RMVB

RMVB格式是由RM视频格式升级而延伸出的新型视频格式，RMVB视频格式的先进之处在于，打破了原先RM格式使用的平均压缩采样的方式，在保证平均压缩比的基础上，更加合理地利用比特率资源，也就是说对于静止和动作场面少的画面场景采用较低编码速率，从而留出更多的带宽空间，这些带宽会在出现快速运动的画面场景时被利用掉。这就在保证了静止画面质量的前提下，大幅提高了运动图像的画面质量，从而在图像质量和文件大小之间达到了平衡。同时，与DVDrip格式相比，RMVB视频格式也有着较为明显的优势，一部大小为700MB左右的DVD影片，如将其转录成同样品质的RMVB格式，最多也就400MB左右。不仅如此，RMVB视频格式还具有内置字幕和无需外挂插件支持等优点。

1.2.4 常用音频格式

本节将为大家介绍音频的一些常见格式。

1. WAV

WAV格式是微软公司开发的一种声音文件格式，用于保存Windows平台的音频信息资源，被Windows平台及其应用程序所支持。WAV格式支持MSADPCM、CCITT A LAW等多种压缩算法，支持多种音频位数、采样频率和声道，标准格式的WAV文件和CD格式一样，也是44.1K的采样频率，速率为88K/s，16位量化位数。尽管音色出众，但在压缩后的文件体积过大，相对于其他音频格式而言是一个缺点。WAV格式也是目前PC机上广为流行的声音文件格式，几乎所有的音频编辑软件都能识别WAV格式。

2. MP3

MP3格式（Moving Picture Experts Group Audio Layer III，动态影像专家压缩标准音频层面3，简称MP3）利用人耳对高频声音信号不敏感的特性，将时域波形信号转换成频域信号，并划分成多个频段，对不同的频段使用不同的压缩率，对高频信号加大压缩比（甚至忽略信号），对低频信号使用小压缩比，保证信号不失真。这样一来，就相当于抛弃人耳基本听不到的高频声音，只保留能听到的低频部分，从而将声音用1∶10甚至1∶12的压缩率压缩，所以具有文件小、音质好的特点。由于这种压缩方式的全称叫MPEG Audio Player 3，所以人们把它简称为MP3。

3. MIDI

MIDI（Musical Instrument Digital Interface）格式又称为乐器数字接口。MIDI允许数字合成器和其他设备交换数据。MID文件格式由MIDI继承而来。MID文件并不是一段录制好的声音，而是记录声音的信息，然后再告诉声卡如何再现音乐的一组指令。这样一个MIDI文件每存1分钟的音乐只用大约5～10KB。MID文件主要用于原始乐器作品、流行歌曲的业余表演、游戏音轨，以及电子贺卡等。

4. WMA

WMA格式（Windows Media Audio），它是微软公司推出的与MP3格式齐名的一种新的音频格式。由于WMA在压缩比和音质方面都超过了MP3，更是远胜于RA（Real Audio），即使在较低的采样频率下也能产生较好的音质。WMA 7之后的WMA支持证书加密，未经许可（即未获得许可证书），即使是非法拷贝到本地，也是无法收听的。

5. AAC

AAC（Advanced Audio Coding）实际上是高级音频编码的缩写，AAC是由Fraunhofer IIS-A、杜比和AT&T共同开发的一种音频格式，它是MPEG-2规范的一部分。AAC所采用的运算法则与MP3的运算法则有所不同，AAC通过结合其他的功能来提高编码效率。它还同时支持多达48个音轨、15个低频音轨、更多种采样率和比特率、多种语言的兼容能力、更高的解码效率。总之，AAC可以在比MP3文件缩小30%的前提下提供更好的音质，被手机界称为"21世纪数据压缩方式"。

1.2.5 常用图像格式

在计算机中常用的图像存储格式有BMP、TIFF、JPEG、GIF、PSD和PDF等。下面为大家进行简单介绍。

1. BMP

BMP格式是Windows中的标准图像文件格式，它以独立于设备的方法描述位图，各种常用的图形图像软件都可以对该格式的图像文件进行编辑和处理。

2. TIFF

TIFF格式是常用的位图图像格式，TIFF位图可具有任何大小的尺寸和分辨率，用于打印、印刷输出的图像建议存储为该格式。

3. JPEG

JPEG格式是一种高效的压缩格式，可对图像进行大幅度压缩，最大限度地节约网络资源，提高传输速度，因此用于网络传输的图像一般存储为该格式。

4. GIF

GIF格式可在各种图像处理软件中通用，是经过压缩的文件格式，因此一般占用空间较小，适合于网络传输，一般常用于存储动画效果图片。

5. PSD

PSD格式是Photoshop软件中使用的一种标准图像文件格式，可以保留图像的图层信息、通道蒙版信息等，便于后续修改和特效制作。一般在Photoshop中制作和处理的图像建议存储为该格式，以最大限度地保存数据信息，待制作完成后，再转换成其他图像文件格式，进行后续的排版、拼版和输出工作。

6. PDF

PDF格式又称可移植（或可携带）文件格式，具有跨平台的特性，并包括对专业的制版和印刷生产有效的控制信息，可以作为印前领域通用的文件格式。

1.3 数字视频编辑基础

视频后期编辑可分为线性编辑和非线性编辑两类，下面为大家进行具体介绍。

1.3.1 线性编辑

编辑机通常由一台放像机和一台录像机组成，通过放像机选择一段合适的素材并播放，由录像机记录有关内容，然后使用特技机、调音台和字幕机来完成相应的特技，并进行配音和字幕叠加，最终合成影片。由于这种编辑方式的存储介质通常是磁带，记录的视频信息与接收的信号在时间轴上的顺序紧密相关，所以被看成是一条完整的直线，这也就是为什么要叫线性编辑。但如果要在已完成的磁迹中插入或删除一个镜头，那该镜头之后的内容就必须全部重新录制一遍。由此可以看出，线性编辑的缺点相当明显，而且需要辅以大量专业设备，操作流程复杂，投资大，对于普通家庭来说是难以承受的。

1.3.2 非线性编辑

非线性编辑，是指剪切、复制或粘贴素材，无须在素材的存储介质上重新安排它们。非线性编辑借助计算机来进行数字化制作，几乎所有的工作都在计算机里完成，不再需要过多的外部设备。另外，对素材的调用也是瞬间实现，不用反反复复在磁带上寻找，突破了单一的时间顺序编辑限制，可以按各种顺序排列，具有快捷、简便、随机的特性。

非线性编辑在编辑方式上呈非线性的特点，能够很容易地改变镜头顺序，而这些改动并不影响已编辑好的素材。非线性编辑中的"线"指的是时间，而不是信号线。

1.3.3 非线性编辑基本流程

任何非线性编辑的工作流程，都可以简单地分为输入、编辑、输出3个步骤。当然对于不同软件功能的差异，其工作流程还可以进一步细化。以Premiere为例，其工作流程主要分成以下5个步骤。

1. 素材采集与输入

采集就是利用Premiere软件，将模拟视频、音频信号转换成数字信号存储到计算机中，或者将外部的数字视频存储到计算机中，成为可以处理的素材。输入主要是把其他软件处理过的图像、声音等素材导入到Premiere中。

2. 素材编辑

素材编辑就是设置素材的入点与出点，以选择需要的部分，然后按时间顺序组接不同素材的过程。

3. 特技处理

对于视频素材，特技处理包括转场、特效、合成叠加。对于音频素材，特技处理包括转场、特效。令人震撼的画面效果就是在这一过程中产生的。而非线性编辑软件功能的强弱，往往也是体现在这方面。配合某些硬件，Premiere还能够实现特技播放。

4. 字幕制作

字幕是节目中非常重要的部分，它包括文字和图形两个方面。在Premiere Pro中制作字幕非常方便，并且还有大量的模板可以使用。

5. 输出和生成

节目编辑完成后，可以选择生成视频文件，便于分享到网络，或进行实时观赏等。

1.3.4 非线性编辑系统构成

非线性编辑系统是计算机技术和电视数字化技术的结晶。它使电视制作的设备由分散到简约，制作速度和画面效果均有很大提高。非线性编辑的实现，软件和硬件的支持缺一不可，这就组成了非线性编辑的系统构成。

1. 硬件构成

从硬件上看，一个非线性编辑系统由计算机、视频卡、声卡、硬盘、显示器、CPU、非线性编辑板卡（如特技加卡）以及外围设备构成。

早期的非线性编辑系统大多选择MAC平台，只是由于早期的MAC与PC机相比，在交互和多媒体方面有着很大优势，但是随着PC技术的不断发展，PC机的性能和市场上的优势反而越来越大。大部分新的非线性编辑系统厂家倾向于采用Windows操作系统。

2. 软件构成

一套完整的PC非线性编辑系统还应该有编辑软件，编辑软件由非线性编辑软件以及二维动画软件、三维动画软件、图像处理软件和音频处理软件等软件构成，有些软件是与硬件配套使用的，这里就不过多介绍了。

1.4　本章小结

本章主要为各位读者介绍了与视频编辑相关的基础理论知识，包括视频编辑常见专业术语、影视制作的电视广播制式、常用的视音频格式，以及线性编辑与非线性编辑等。希望大家能认真学习本章内容，熟记相关概念和知识，为今后学习视频编辑操作打下了良好的理论基础。

本章主要为各位读者介绍Premiere Pro 2020软件的一些基础操作及概念，包括软件的安装运行环境、工作界面、菜单命令、首选项设置，以及项目与素材的基本操作、输出影片等。

本章重点

- ⊙ Premiere Pro 2020安装运行环境
- ⊙ 首选项设置
- ⊙ 导入素材
- ⊙ 工作界面及菜单命令
- ⊙ 创建与保存项目文件
- ⊙ 输出影片

2.1 Premiere Pro 2020简介

Adobe Premiere Pro是目前最流行的非线性编辑软件，也是一个功能强大的实时视频和音频编辑工具。作为视频爱好者们使用频率极高的视频编辑软件之一，其应用范围不胜枚举，通过该软件制作的视频效果美不胜收，不断完善的视频功能足以协助用户更加高效地工作。Adobe Premiere Pro以其合理化的工作界面和通用的高端视频工具，兼顾了广大视频用户的不同需求。

2.1.1 新增功能介绍

最新的Premiere Pro 2020与之前版本相比，功能得到了进一步的完善和创新，为用户营造了更加良好的工作体验。下面为大家简单介绍Premiere Pro 2020的一些新增功能。

1. 图形和文本增强功能

Premiere Pro 2020 14.0版本为用户提供了诸多图形和文本增强功能，编辑速度及稳定性的提高，能帮助用户快速更改形状和剪辑的名称，并提供了更快的蒙版跟踪、更好的硬件解码等功能。

2. 自动重构

用户可以针对不同的社交媒体和移动观看平台轻松优化内容。无需手动裁剪和为素材添加关键帧，通过"自动重构"功能可使用Adobe Sensei AI技术自动完成处理。使用"自动重构"功能可重构序列用于正方形、纵向和电影的16：9屏幕，或用于裁剪高分辨率素材。"自动重构"功能既可以作为效果应用于单一剪辑，也可以应用到整个序列。

3. 音频增强功能

该版本在原基础上大幅提升了音频性能，重新设计的音频效果路由，优化了多声道项目的音频工作流程。此外，原来的版本音频增益由6分贝增到了15分贝，极大程度增大了音频增益的范围。

4. 时间重映射至20000%

时间重映射的最高速度已增至20000%，以便用户使用非常冗长的源剪辑，生成延时镜头素材。

5. 新增和改进的文件格式支持

该版本新增导入和导出视频格式，用户可以直接导入不同拍摄格式的素材进行剪辑，并上传到Adobe Stock。

2.1.2 安装运行环境

Premiere Pro 2020与之前的版本相比，工作体验及性能更加完善，功能进一步创新，同时也提高了对电脑系统运行环境的要求。下面为大家介绍Premiere Pro 2020 14.0版本在不同操作系统上的配置要求。

1. Windows

Windows安装运行环境如下表。

	最小规格	推荐规格
处理器	Intel®第6代或更新款的CPU，或AMD同等产品	Intel®第7代或更新款的CPU，或AMD同等产品
操作系统	Microsoft Windows 10（64位）版本1803或更高版本	Microsoft Windows 10（64位）版本1809或更高版本
RAM	8GB内存	➤ 16GB高清媒体内存 ➤ 32GB，用于4K媒体或更高分辨率
GPU	2GB GPU VRAM	4GB GPU VRAM
硬盘空间	➤ 8GB的可用硬盘空间用于安装；安装过程中需要额外的空闲空间（不能安装在可移动闪存存储器上） ➤ 附加高速媒体驱动器	➤ 用于应用程序安装和缓存的快速内部SSD ➤ 附加高速媒体驱动器
显示器分辨率	1280×800	1920×1080或以上
声卡	兼容ASIO或Microsoft Windows驱动程序模型	兼容ASIO或Microsoft Windows驱动程序模型
网络存储连接	1千兆以太网（仅HD）	用于4K共享网络工作流的10千兆以太网

2. MacOS

MacOS安装运行环境如下表。

	最小规格	推荐规格
处理器	Intel®第6代或更新款的CPU	Intel®第7代或更新款的CPU
操作系统	MacOS v10.13或更高版本	MacOS v10.13或更高版本
RAM	8GB内存	➤ 16GB高清媒体内存 ➤ 32GB，用于4K媒体或更高分辨率
GPU	2GB GPU VRAM	4GB GPU VRAM
硬盘空间	➤ 8GB的可用硬盘空间用于安装；安装过程中需要额外的空闲空间（无法安装在使用区分大小写的文件系统盘或可移动闪存设备盘上） ➤ 附加高速媒体驱动器	➤ 用于应用程序安装和缓存的快速内部SSD ➤ 附加高速媒体驱动器
显示器分辨率	1280×800	1920×1080或以上
声卡	兼容ASIO或Microsoft Windows驱动程序模型	兼容ASIO或Microsoft Windows驱动程序模型
网络存储连接	1千兆以太网（仅HD）	用于4K共享网络工作流的10千兆以太网

2.2　Premiere Pro 2020工作界面

本节将为大家介绍Premiere Pro 2020的部分工作面板及菜单命令，来帮助大家提前熟悉该软件的工作环境。

2.2.1　工作面板介绍

首次进入Adobe Premiere Pro 2020，所呈现的界面是Premiere Pro 2020的默认工作界面，其中的"项目"面板、"源"监视器面板、"节目"监视器面板和"序列"面板，都是在视频编辑中常用的基本工作面板。下面为大家介绍Premiere Pro 2020中的一些常用工作面板。

1."项目"面板

"项目"面板主要用于存放创建的序列和导入Premiere Pro的素材。在该面板中，用户可以对素材执行插入到序列、复制删除等操作，并可以预览素材、查看素材详细属性等。"项目"面板如图2-1所示。

2."媒体浏览器"面板

"媒体浏览器"面板用于快速浏览计算机中的其他素材，并可以对素材进行导入到项目、在"源"监视器中预览等操作。"媒体浏览器"面板如图2-2所示。

图2-1

图2-2

3."信息"面板

"信息"面板主要用于查看所选素材及当前序列的详细属性，如图2-3所示。

4."效果"面板

"效果"面板中展示了软件所能提供的所有效果，包括预设、Lumetri预设、音频效果、音频过渡、视频效果和视频过渡，如图2-4所示。

图2-3

图2-4

5."标记"面板

打开"标记"面板，如图2-5所示，在其中可查看打开的剪辑或序列中的所有标记，并显示与剪辑有关的详细信息，例如彩色编码的标记、入点、出点和注释。通过单击"标记"面板中的缩览图，可将播放指示器移动到对应标记所处的位置。

6."历史记录"面板

"历史记录"面板用于记录历史操作，可以删除一项或多项历史操作，也可以将删除过的操作还原，如图2-6所示。

7.工具面板

工具面板中包括了"选择工具"▲、"钢笔工具"✎、"剃刀工具"◈和"文字工具"Ⅰ等，如图2-7所示。

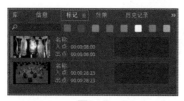

图2-5　　　　　　　　　　图2-6　　　　　　　　　　图2-7

8.时间轴面板

时间轴面板，也可称为"序列"面板，在该面板的左侧是轨道状态区，里面显示了轨道名称和轨道控制功能按钮；面板右边是轨道编辑区，可以排列和放置剪辑素材，如图2-8所示。

9."源"监视器面板

在"源"监视器面板中，可预先打开要添加至序列的素材，自行调整入点和出点，对剪辑前的素材进行内容筛选。此外，还可以插入剪辑标记，并将片段素材中的画面或音频单独提取到序列中。"源"监视器面板如图2-9所示。

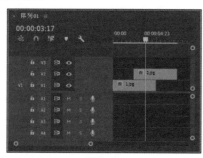

图2-8　　　　　　　　　　　　图2-9

10."效果控件"面板

"效果控件"面板显示了素材的固定效果属性，分别为"运动""不透明度"和"时间重映射"，如图2-10所示。此外，用户也可以自定义从效果文件夹中添加的各类效果。

11."音频剪辑混合器"面板

在"音频剪辑混合器"面板中，可对音频轨道中的音频素材进行音量调控。每条混合轨道均对应活动在序列时间轴中的音频轨道，并会在音频控制台布局中显示时间轴音频轨道。"音频剪辑混合器"面板如图2-11所示。

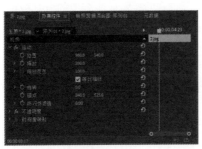

图2-10

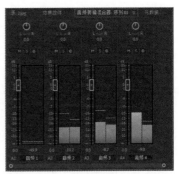

图2-11

12. “节目”监视器面板

“节目”监视器面板可回放和预览正在组合的序列剪辑，回放的序列就是时间轴面板中的活动序列。用户可以设置序列标记，并指定序列的入点和出点。“节目”监视器面板如图2-12所示。

节目: 序列01
00:00:00:00
适合
1/2
00:01:34:20

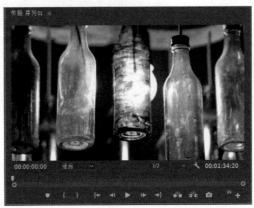

图2-12

2.2.2 菜单介绍

Premiere Pro 2020菜单栏中包含了9个菜单，分别为文件、编辑、剪辑、序列、标记、图形、视图、窗口和帮助，如图2-13所示。

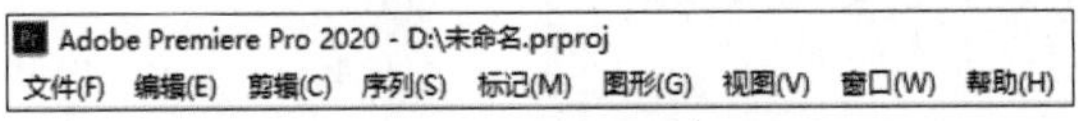

Adobe Premiere Pro 2020 - D:\未命名.prproj
文件(F) 编辑(E) 剪辑(C) 序列(S) 标记(M) 图形(G) 视图(V) 窗口(W) 帮助(H)

图2-13

1. “文件”菜单

“文件”菜单主要用于对项目文件进行管理，如新建、打开、保存、导出等，另外还可用于采集外部视频素材，菜单选项介绍具体如下。

- 新建：用于创建一个新的项目、序列、素材箱、脱机文件、字幕、彩条和通用倒计时片头等。
- 打开项目：用于打开已经存在的项目。
- 打开最近使用的内容：用于打开最近编辑过的10个项目。
- 关闭项目：用于关闭当前打开的项目，但不退出软件。
- 关闭：用于关闭当前选择的面板。
- 保存：用于保存当前项目。
- 另存为：用于将当前项目重命名保存，同时进入新文件编辑环境中。
- 保存副本：用于为当前项目存储一个副本，存储副本后仍处于原文件的编辑环境中。

- 还原：用于将最近依次编辑的文件或者项目恢复原状，即返回到上次保存过的项目状态。
- 同步设置：用于让用户将常规首选项、键盘快捷键、预设和库同步到Creative Cloud。
- 捕捉：用于通过外部的捕获设备获得视频/音频素材，以及采集素材。
- 批量捕捉：用于通过外部的捕获设备批量地捕获视频/音频素材，以及批量采集素材。
- Adobe Dynamic Link：新建一个连接到Premiere Pro项目的Encore合成或链接到After Effects。
- Adobe Story：可让用户导入在Adobe Story中创建的脚本以及关联元数据。
- 从媒体浏览器导入：用于将从媒体浏览器选择的文件输入到"项目"面板中。
- 导入：用于将硬盘上的多媒体文件输入到"项目"面板中。
- 导入批处理列表：将批量列表导入"项目"面板中。
- 导入最近使用的文件：用于直接将最近编辑过的素材输入到"项目"面板中，不弹出"导入"对话框，方便用户更快更准地输入素材。
- 导出：用于将工作区域栏范围中的内容输出成视频。
- 获取属性：用于获取文件的属性或者选择内容的属性，它包括两个选项：一个是文件，另一个是选择。
- 项目设置：包括常规和暂存盘，用于设置视频影片、时间基准和时间显示，显示视频和音频设置，提供了用于采集音频和视频的设置及路径。
- 项目管理：打开"项目管理器"，可以创建项目的修整版本。
- 退出：退出Premiere系统，关闭程序。

2."编辑"菜单

"编辑"菜单中主要包括了一些常用的基本编辑功能，如撤销、重做、复制、粘贴、查找等。另外还包括了Premiere中特有的影视编辑功能，如波纹删除、编辑源素材、标签等，菜单选项介绍具体如下。

- 撤销：撤销上一步操作。
- 重做：该命令与撤销是相对的，它只有在使用了"撤销"命令之后才被激活，可以取消撤销操作。
- 剪切：用于将选中的内容剪切掉，然后粘贴到指定的位置。
- 复制：用于将选中的内容复制一份，然后粘贴到指定的位置。
- 粘贴：与"剪切"命令和"粘贴"命令配合使用，用于将复制或剪切的内容粘贴到指定的位置。
- 粘贴插入：用于将复制或剪切的内容在指定位置以插入的方式进行粘贴。
- 粘贴属性：用于将其他素材片段上的一些属性粘贴到选中的素材片段上，这些属性包括一些过渡特效和设置的一些运动效果等。
- 清除：用于删除选中的内容。
- 波纹删除：用于删除选定素材，且不让轨道中留下空白间隙。
- 重复：用于复制"项目"面板中的素材。只有选中"项目"面板中的素材时，该命令才可用。
- 全选：用于选择当前面板中的全部内容。
- 选择所有匹配项：用于选择"时间轴"面板中的多个源自同一个素材的素材片段。
- 取消全选：用于取消所有选择状态。
- 查找：用于在"项目"面板中查找定位素材。
- 标签：用于改变"时间轴"面板中素材片段的颜色。
- 移除未使用资源：用于快速删除"项目"面板中未使用的素材。
- 编辑原始：用于将选中的素材在外部程序软件中进行编辑，如Photoshop等软件。
- 在Adobe Audition中编辑：将音频文件导入Adobe Audition中进行编辑。
- 在Adobe Photoshop中编辑：将图片素材导入Adobe Photoshop中进行编辑。

➢ 快捷键：用于指定键盘快捷键。

➢ 首选项：用于设置Premiere系统的一些基本参数，包括综合、音频、音频硬件、自动存盘、采集、设备管理、同步设置、字幕等。

3."剪辑"菜单

"剪辑"菜单主要用于对"项目"面板或"时间轴"面板中的各种素材进行编辑处理，菜单选项介绍具体如下。

➢ 重命名：用于对"项目"面板中的素材和"时间轴"面板中的素材片段进行重新命名。

➢ 制作子剪辑：根据在"源监视器"面板中编辑的素材创建附加素材。

➢ 编辑子剪辑：编辑附加素材的入点和出点。

➢ 编辑脱机：进行脱机编辑素材。

➢ 源设置：对素材源对象进行设置。

➢ 修改：用于修改音频的声道或者时间码，还可以查看或修改素材的信息。

➢ 视频选项：用于设置帧定格、场选项、帧混合或者缩放为帧大小。

➢ 音频选项：用于设置音频增益、拆分为单声道、渲染和替换或者提取音频。

➢ 速度/持续时间：设置速度或持续时间。

➢ 捕捉设置：可以设置捕捉素材的相关参数。

➢ 插入：将素材插入到"时间轴"中的当前时间指示处。

➢ 覆盖：将素材放置在当前时间指示处，覆盖已有的素材片段。

➢ 替换素材：使用磁盘上的文件替换时间轴中的素材。

➢ 替换为剪辑：用"源监视器"中编辑的素材或者素材库中的素材替换"时间轴"已选中的素材片段。

➢ 自动匹配序列：快速组合粗剪或将剪辑添加到现有序列中。

➢ 启用：激活或禁用"时间轴"中的素材。禁用的素材不会显示在"节目监视器"中，也不能被导出。

➢ 链接：链接不同轨道的素材，方便一起编辑。

➢ 编组：将"时间轴"上的素材放在一组以便整体操作。

➢ 取消编组：取消素材的编组。

➢ 同步：根据素材的起点、终点或时间码在"时间轴"上排列素材。

➢ 合并剪辑：将"时间轴"上的一段视频和音频合并为一个剪辑，添加到素材库中，并不影响"时间轴"上原来的编辑状态。

➢ 嵌套：可以将源序列编辑到其他序列中，同时保持原始源剪辑和轨道布局完整。

➢ 创建多机位源序列：将具有通用入点/出点或重叠时间码的剪辑合并为一个多机位序列。

➢ 多机位：会在"节目监视器"中显示多机位编辑界面。用户可以从使用多个摄像机从不同角度拍摄的剪辑中或从特定场景的不同镜头中创建立即可编辑的序列。

4."序列"菜单

"序列"菜单中可以渲染并查看素材，也能更改"时间轴"中的视频和音频轨道数，菜单选项介绍具体如下。

➢ 序列设置：可以打开"序列设置"对话框，对序列参数进行设置。

➢ 渲染入点到出点的效果：渲染工作区域内的效果，创建工作区预览，并将预览文件保存在磁盘上。

➢ 渲染入点到出点：渲染整个工作区域，并将预览文件保存在磁盘上。

➢ 渲染选择项：渲染"时间轴"上选择的部分素材，并将预览文件保存在磁盘上。

➢ 渲染音频：只渲染工作区域的音频文件。

- ➢ 删除渲染文件：删除磁盘上的渲染文件。
- ➢ 删除入点到出点的渲染文件：删除工作区域内的渲染文件。
- ➢ 匹配帧：匹配"源监视器"和"节目监视器"中的帧。
- ➢ 添加编辑：拆分剪辑，相当于剃刀工具。
- ➢ 添加编辑到所有轨道：拆分时间指示处的所有轨道上的剪辑。
- ➢ 修剪编辑：对已编入序列的剪辑入点和出点进行调整。
- ➢ 将所选编辑点扩展到播放指示器：将最接近播放指示器的选定编辑点移动到播放指示器的位置，与滚动编辑非常相似。
- ➢ 应用视频过渡：在两段素材之间的当前时间指示处添加默认视频过渡效果。
- ➢ 应用音频过渡：在两段素材之间的当前时间指示处添加默认音频过渡效果
- ➢ 应用默认过渡到选择项：将默认的过渡效果应用到所选择的素材对象上。
- ➢ 提升：剪切在"节目监视器"中设置入点到出点的V1和A1轨道中的帧，并在"时间轴"上保留空白间隙。
- ➢ 提取：剪切在"节目监视器"中设置入点到出点的帧，并不在"时间轴"上保留空白间隙。
- ➢ 放大：放大"时间轴"。
- ➢ 缩小：缩小"时间轴"。
- ➢ 转到间隔：跳转到序列中的某一段间隔。
- ➢ 对齐：对齐到素材边缘。
- ➢ 标准化主轨道：对主音轨道进行标准化设置。
- ➢ 添加轨道：在"时间轴"中添加轨道。
- ➢ 删除轨道：从"时间轴"中删除轨道。

5."标记"菜单

"标记"菜单中主要包括添加和删除各类标记点选项，菜单选项介绍具体如下。

- ➢ 标记入点：在时间指示处添加入点标记。
- ➢ 标记出点：在时间指示处添加出点标记。
- ➢ 标记剪辑：设置与剪辑入点和出点匹配的序列入点和出点。
- ➢ 标记选择项：设置序列入点和出点将与选择项的入点和出点匹配。
- ➢ 清除入点：清除素材的入点。
- ➢ 清除出点：清除素材的出点。
- ➢ 清除入点和出点：清除素材的入点和出点。
- ➢ 添加标记：在子菜单的指定处设置一个标记。
- ➢ 转到下一标记：跳转到素材的下一个标记。
- ➢ 转到上一标记：跳转到素材的上一个标记。
- ➢ 清除所选标记：清除素材上的指定标记。
- ➢ 清除所有标记：清除素材上的所有标记。
- ➢ 编辑标记：编辑当前标记的时间及类型等。
- ➢ 添加章节标记：为素材添加章节标记。
- ➢ 添加Flash提示标记：为素材添加Flash提示点标记。

6."图形"菜单

与Photoshop中的图层相似，Premiere Pro中的图形对象可以包含文本、形状和剪辑图层。序列中的单个图形轨道项内可以包含多个图层。当用户创建新图层时，时间轴中会添加包含该图层的图形剪辑，且剪辑的开头位于播放指示器所在的位置。"图形"菜单选项介绍具体如下。

➤ 从Adobe Fonts添加字体：可进入关联网站激活各类新字体。

➤ 安装动态图形模板：动态图形模板是一种可在After Effects或Premiere Pro中创建的文件类型（.mogrt），用户除了可以将计算机中的动态图形模板添加至Premiere Pro项目，还可以在Premiere Pro中创建字幕和图形，并将它们导出为动态图形模板，以供将来重复使用或共享。

➤ 新建图层：用户可选择新建文本、直排文本、矩形和椭圆等对象图层。

➤ 对齐/排列：可对选中的图层对象进行对齐和排列操作。

➤ 选择：通过命令选择图形对象或图层。

➤ 替换项目中的字体：如果图形对象包含多个文本图层，且决定要更改字体，则可以通过"替换项目中的字体"命令来同时更改所有图层的字体。

7. "视图"菜单

通过"视图"菜单中的命令，可对"节目"监视器面板中的素材预览选项进行设置，菜单选项介绍具体如下。

➤ 回放分辨率：设置视频预览回放时画面的分辨率。

➤ 暂停分辨率：设置视频预览暂停时画面的分辨率。

➤ 高品质回放：选择该项，视频回放时将以高品质显示。

➤ 显示模式：设置预览素材在"节目"监视器面板中的显示方式，包括"合成视频""Alpha""多机位""音频波形"和"比较视图"模式。

➤ 显示标尺：在"节目"监视器面板中显示或隐藏标尺。

➤ 显示参考线：在"节目"监视器面板中显示或隐藏参考线。在显示参考线后，可通过菜单中的"锁定参考线""添加参考线"和"清除参考线"命令对参考线进行相应设置。

8. "窗口"菜单

"窗口"菜单中包含了Premiere Pro 2020的所有窗口和面板，可以随意打开或关闭任意面板，也可以回复到默认面板，菜单选项介绍具体如下。

➤ 工作区：在子菜单中，可以选择需要的工作区布局进行切换，以及对工作区进行重置或管理。

➤ 扩展：在子菜单中，可以选择打开Premiere Pro的扩展程序，列入默认的Adobe Exchange在线资源下载与信息查询辅助程序。

➤ 最大化框架：切换当前关注面板的最大化显示状态。

➤ 音频剪辑效果编辑器：用于打开或关闭"音频剪辑效果编辑器"面板。

➤ 音频轨道效果编辑器：用于打开或关闭"音频轨道效果编辑器"面板。

➤ Adobe Story：用于启动Adobe Story程序的登录界面，输入用户的Adobe ID进行联网登录。

➤ 事件：用于打开或关闭"事件"面板，查看或管理影片序列中设置的事件动作。

➤ 信息：用于打开或关闭"信息"面板，查看当前所选素材剪辑的属性、序列中当前时间指针的位置等信息。

➤ 元数据：用于打开或关闭"元数据"面板，可以对所选素材剪辑、采集捕捉的磁带视频、嵌入的Adobe Story脚本等内容进行详细的数据查看和添加注释等。

➤ 历史记录：用于打开或关闭"历史记录"面板，查看完成的操作记录，或根据需要返回到之前某一步骤的编辑状态。

➤ 参考监视器：用于打开或关闭"参考监视器"面板，在其中可以选择显示影片当前位置的色彩通道变化。

➤ 媒体浏览器：用于打开或关闭"媒体浏览器"面板，查看本地硬盘或网络驱动器中的素材资源，并可以将需要的素材文件导入到项目中。

➤ 字幕：用于打开或关闭"字幕"面板。

> 字幕动作/属性/工具/样式/设计器：用于打开"字幕设计器"面板，并激活动作/属性/工具/样式面板，可以方便快速地对当前序列中所选中的字幕剪辑进行需要的编辑。

> 工具：用于激活"工具"面板。

> 捕捉：用于打开或关闭"捕捉"面板。

> 效果：用于打开或关闭"效果"面板，可以选择需要的效果添加到轨道中的素材剪辑上。

> 效果控件：用于打开或关闭"效果控件"面板，可以对素材剪辑的基本属性及添加到素材上的效果参数进行设置。

> 时间码：用于打开或关闭"时间码"浮动面板，可以独立地显示当前工作面板中的时间指针位置；也可以根据需要调整面板的大小，更加醒目直观地查看当前时间位置。

> 时间轴：在子菜单中可以切换当前"时间轴"面板中要显示的序列。

> 标记：用于打开或关闭"标记"面板，可以查看当前工作序列中所有标记的时间位置、持续时间、入点画面等，还可以根据需要为标记添加注释内容。

> 源监视器：用于打开或关闭"源监视器"面板。

> 编辑到磁带：在电脑连接了可以将硬盘输出到磁带的硬件设备时，可通过"编辑到磁带"面板，对要输出硬盘的时间区间、写入磁带的类型选项等进行设置。

> 节目监视器：在子菜单中，可以切换当前"节目监视器"面板中要显示的序列。

9. "帮助"菜单

"帮助"菜单包含程序应用的帮助命令、支持中心盒产品改进计划等命令，选择"帮助"菜单中的"Premiere Pro帮助"命令，可以跳转到帮助页面，然后自行选择或搜索某个主题进行学习。

2.3 首选项设置

在Premiere Pro 2020工作界面中，执行"编辑"|"首选项"命令，在子菜单中选择任意一个选项，即可访问对应的设置，如图2-14所示。

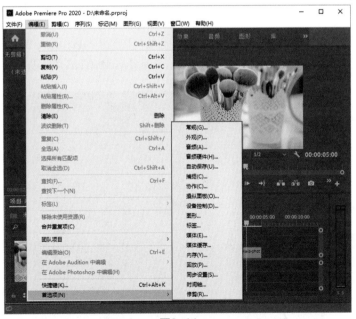

图2-14

2.3.1 常规首选项

执行"编辑"|"首选项"|"常规"命令,打开"首选项"对话框,在该对话框中将显示"常规"参数的内容,其中为Premiere Pro的多种默认参数提供了设置,如图2-15所示。

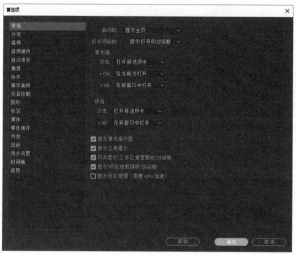

图2-15

参数介绍如下。

➢ 启动时:可选择在启动Premiere Pro 2020时显示主页,或打开最近使用的项目。

➢ 打开项目时:可选择在打开项目时显示主页,或显示打开的对话框。

➢ 素材箱:单击各个选项中的下拉菜单,可以选择在新窗口中打开、在当前处打开,或打开新选项卡。

➢ 项目:单击各个选项中的下拉菜单,可以选择在新窗口中打开,或打开新选项卡。

2.3.2 外观首选项

在"首选项"对话框的左侧列表中选择"外观"选项,将显示与Premiere Pro 2020外观设置相关的参数设置,如图2-16所示。通过拖动不同的参数滑块,可对界面或控件的亮度进行自定义调整。

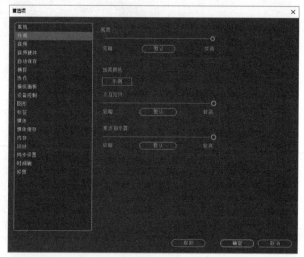

图2-16

2.3.3 音频首选项

在"首选项"对话框的左侧列表中选择"音频"选项，在对话框右侧将显示与音频有关的参数设置，如图2-17所示。

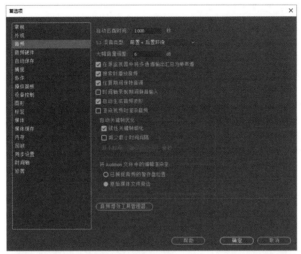

图2-17

参数介绍如下。

➢ 自动匹配时间：该设置需要与音轨混合器中的"触动"选项联合使用，如图2-18所示。在音轨混合器中选择"触动"后，Premiere Pro将返回到更改以前的值，但是仅在指定的秒数之后。例如，如果在调音时更改了音频1的音频级别，那么在更改之后，此级别将返回到以前的设置，即记录更改之前的设置。自动匹配设置用于控制Premiere Pro返回到音频更改之前的值所需的时间间隔。

➢ 5.1混音类型：指定Premiere Pro将源声道与5.1音轨混合的方式。

➢ 大幅音量调整：可设置使用"大幅提升剪辑音量"命令时增加的分贝数。

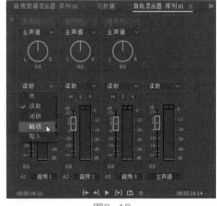

图2-18

➢ 搜索时播放音频：启动该项，可以创建一个名为"在快速搜索期间开关音频"的键盘快捷键，以便在快速搜索时，开关音频快速搜索。

➢ 往复期间保持音调：可让用户在使用J、K、L键进行划动和播放期间，保持音频的音调，勾选该项有助于提升以高速或低速播放时声音的清晰度。

➢ 时间轴录制期间静音输入：勾选该项，可以避免在录制时间轴时监测音频输入。

➢ 自动生成音频波形：勾选该项，在音频导入Premiere Pro时将自动生成波形。

➢ 渲染视频时渲染音频：勾选该项，在每次渲染视频预览时，将同时自动渲染音频预览。

➢ 自动关键帧优化：定义线性关键帧细化和最短时间间隔细化。

➢ 将Audition文件中的编辑渲染至：将剪辑发送到Audition时，可将这些文件保存在暂存盘位置，也可将它们保存在原始媒体文件旁边。

➢ 音频增效工具管理器：可启用第三方VST3增效工具和Mac平台的Audio Units（AU）增效工具。

2.3.4 音频硬件首选项

在"首选项"对话框的左侧列表中选择"音频硬件"选项，在对话框右侧可以指定计算机的音频设备和设置，还可以指定Premiere Pro用于音频回放和录制的ASIO和MME设置（仅限Windows）或Core Audio设置（仅限Mac OS），如图2-19所示。

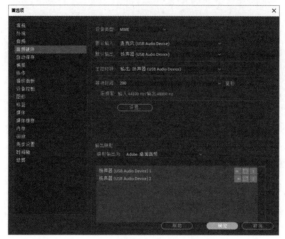

图2-19

2.3.5 自动保存首选项

使用Premiere Pro不必担心工作时忘记保存项目，因为Premiere Pro默认状态下已打开"自动保存"的参数，如图2-20所示，在此可以设置自动保存项目的间隔时间，还可以修改自动存储项目的数量。

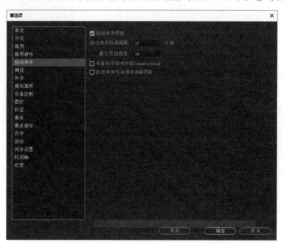

图2-20

参数介绍如下。

➢ 自动保存项目：该项默认为勾选状态，Premiere Pro会每15分钟自动保存一次项目，并将项目文件的5个最近版本保留在硬盘上。用户可以随时还原到以前保存的版本。存档项目的多个迭代所占用的磁盘空间相对较少，因为项目文件比源音频文件小很多。这里建议最好将项目文件保存到应用程序所在的驱动器上，存档文件将保存在Premiere Pro的"自动保存"文件夹中。

➢ 自动保存时间间隔：自动保存项目，并键入两次保存之间间隔的分钟数。

> ➤ 最大项目版本：可在文本框中输入要保存项目文件的版本数，例如输入10，Premiere Pro将保存10个最近版本。

> ➤ 将备份项目保存到Creative Cloud：勾选该项，Premiere Pro会将项目自动保存到基于Creative Cloud的存储空间。

> ➤ 自动保存也会保存当前项目：当该项处于启用状态时，"自动保存"会为当前项目创建一个存档副本，同时也会保存当前工作的项目。默认情况下，此设置处于关闭状态。

提示 Premiere Pro自动保存某个项目时，Creative Cloud在线存储空间会创建一个名为auto-save的目录。所有备份的项目都会存储在自动保存目录中。此外，Premiere Pro只会为每个项目制作一个紧急项目备份文件，每次自动保存或保存当前项目时，旧备份文件都会被新备份文件覆盖。

2.3.6　捕捉首选项

在"首选项"对话框的左侧列表中选择"捕捉"选项，在对话框右侧可以设置Premiere Pro直接从磁带盒或摄像机传输视频和音频的方式，如图2-21所示。

图2-21

2.3.7　标签首选项

在"首选项"对话框的左侧列表中选择"标签"选项，在对话框右侧可对Premiere Pro的标签参数进行设置，如图2-22所示。

参数介绍如下。

> ➤ 标签颜色：可更改默认颜色和颜色名称，在"项目"面板中可用这些颜色和颜色名称来标注资源。

> ➤ 标签默认值：可以更改已分配给素材箱、序列和不同类型媒体的默认标签颜色。

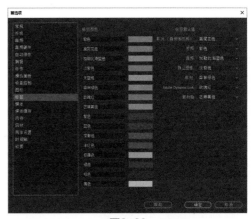

图2-22

2.3.8　媒体首选项

在"首选项"对话框的左侧列表中选择"媒体"选项，在对话框的右侧可对相关参数进行设置，如图2-23所示。

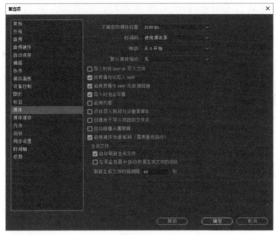

图2-23

参数介绍如下。

➤ 不确定的媒体时基：可为导入的静止图像序列指定帧速率。

➤ 时间码：用来指定Premiere Pro是显示所导入剪辑的原始时间码，还是为其分配新时间码。

➤ 帧数：指定Premiere Pro是为所导入剪辑的第一帧分配0或1，还是按时间码转换分配编号。

➤ 默认媒体缩放：可在选项下拉列表中设置"缩放为帧大小"或"设置为帧大小"。如果选择"缩放为帧大小"选项，则Premiere Pro会将导入的资源自动缩放至项目的默认帧大小。

➤ 导入时将XMP ID写入文件：要将ID信息写入XMP元数据字段，则勾选该复选框。

➤ 将剪辑标记写入XMP：要指定Premiere Pro保存剪辑标记的位置，则勾选该复选框，此时剪辑标记将随媒体文件一并保存。在不勾选该复选框的情况下，剪辑标记会保存在Premiere Pro项目文件中。

➤ 启用剪辑与XMP元数据链接：勾选该复选框，剪辑元数据将与XMP元数据链接，以方便相互传递变更。

➤ 导入时包含字幕：勾选该复选框，可检测并自动导入某个嵌入式隐藏说明性字幕文件中的嵌入式隐藏说明性字幕数据；若取消勾选该复选框，可不导入嵌入式说明性字幕，有助于在导入时节省时间。

➤ 项目导入期间允许重复媒体：如果要允许在导入项目时复制媒体，则勾选该复选框；如果不希望导入时出现多个副本，则取消勾选该选项。

➤ 自动隐藏从属剪辑：勾选该复选框后，从其他项目拖入某个序列时，Premiere Pro会隐藏主剪辑。

➤ 启用硬件加速解码（需要重新启动）：勾选该复选框后，可使用系统中的硬件解码器加快编辑速度。

➤ 生成文件：通过该参数选项，用户可以选择Premiere Pro是否在文件生成期间自动刷新，并可以对刷新频率进行设置。

2.3.9　媒体缓存首选项

在Premiere Pro中，定期清除旧的或不使用的媒体缓存文件，有助于保持最佳性能，每当源媒体需要缓存时，都会重新创建已删除的缓存文件。在"首选项"对话框的左侧列表中选择"媒体缓存"选项，在对话框的右侧可对相关参数进行设置，如图2-24所示。

图2-24

参数介绍如下。

➤ 位置：通过单击"浏览"按钮，并导航至所需文件夹位置，用户可自定义媒体缓存文件的位置。

➤ 移除：通过单击选项后的"删除"按钮，用户可在封装项目后清除媒体缓存，这样可以删除不必要的预览渲染文件，并节省存储空间。

➤ 不要自动删除缓存文件：媒体缓存首选项中默认启用此设置。媒体缓存文件的自动删除仅适用于子目录文件夹Peak Files和媒体缓存文件内的.pek、.cfa和.ims文件。

➤ 自动删除早于此时间的缓存文件：默认值为90天，用户可以根据需求更改时间段。

➤ 当缓存超过此大小时自动删除最早的缓存文件：默认值为媒体缓存所在磁盘大小的10%。

2.3.10　内存首选项

在"首选项"对话框的左侧列表中选择"内存"选项，在对话框的右侧可对相关参数进行设置，如图2-25所示，在此可以指定保留用于其他应用程序和Premiere Pro的RAM量。当用户减少保留用于其他应用程序的RAM量时，可用于Premiere Pro的RAM量将增加。

图2-25

在Premiere Pro中，例如包含高分辨率源视频或静止图像的序列，需要大量内存来同时渲染多个帧。这些资源可能会强制Premiere Pro取消渲染，并发出低内存警告。对于这一情况，用户可以通过将"优化渲染为"选项，从"性能"更改为"内存"，来最大程度地提高可用内存，如图2-25所示。

2.3.11　回放首选项

在"首选项"对话框的左侧列表中选择"回放"选项，在对话框的右侧可以选择音频或视频的默认播放器，并设置预卷和过卷首选项，也可以访问第三方采集卡的设备设置，如图2-26所示。

图2-26

参数介绍如下。

➢ 预卷：在回放素材以利用多项编辑功能时，编辑点之前存在的秒数。

➢ 过卷：在回放素材以利用多项编辑功能时，编辑点之后存在的秒数。

➢ 前进/后退多帧：指定当用户使用键盘快捷键Shift+向左或向右箭头时要移动的帧数。

➢ 回放期间暂停Media Encoder：当用户在Premiere Pro中播放序列或项目时，暂停Adobe Media Encode 中的编码队列。

2.3.12　同步设置首选项

当用户在多台计算机上使用Premiere Pro时，在这些计算机之间管理和同步首选项、工作区布局、键盘快捷键，是一项耗时、复杂而且容易出错的操作。通过"同步设置"功能，可以帮助用户将常规首选项、键盘快捷键等同步到Creative Cloud。

2.3.13　时间轴首选项

在Premiere Pro中，音频、视频和静止图像均有默认持续时间，在"首选项"对话框的左侧列表中选择"时间轴"选项，在对话框的右侧可对相关参数进行设置，如图2-27所示。

图2-27

参数介绍如下。

➢ 视频和音频过渡默认持续时间：用来指定音频和视频过渡的默认持续时间。

➢ 静止图像默认持续时间：指定静止图像的默认持续时间。

➢ 时间轴播放自动滚屏：当某个序列的时长超过可见时间轴长度时，在回放期间，用户可以选择不同的选项来自动滚动时间轴，如图2-28所示。选择"页面滚动"选项，可在播放指示器移出屏幕后，将时间轴自动移动至新视图，该选项可确保回放连续且不会停止；若选择"平滑滚动"选项，可将播放指示器保持在屏幕中间，而剪辑和时间标尺都会发生移动。

图2-28

➢ 时间轴鼠标滚动：用户可以选择垂直或水平滚动。默认情况下，鼠标滚动为"水平"（Windows）和"垂直"（Mac OS），对于Windows系统用户来说，按Ctrl键可切换到垂直滚动。

➢ 默认音频轨道：定义在剪辑添加到序列之后用于显示剪辑音频声道的轨道类型。

➢ 执行插入/覆盖编辑时，将重点放在时间轴上：如果需要在进行编辑后，显示时间轴画面而不是源监视器画面，可勾选该复选框。

➢ 在回放末尾，重新开始回放时返回开头：通过该选项，可控制在达到序列末尾并重新开始回放时将会进行的操作。

➢ 显示未链接剪辑的不同步指示器：当音频和视频断开链接，并变为不同步状态时，显示不同步指示器。

➢ 渲染预览之后播放：如果想要Premiere Pro在渲染后从头开始播放整个项目，可勾选该复选框。

➢ 显示"剪辑不匹配警告"对话框：勾选该复选框后，将剪辑拖入序列时，Premiere Pro将检测剪辑的属性是否与序列设置相匹配。如果属性不匹配，则会显示"剪辑不匹配警告"对话框。

➢ "适合剪辑"对话框打开，以编辑范围不匹配项：勾选该复选框后，在"源"监视器面板和"节目"监视器面板中的入点和出点设置不同时，会显示"适合剪辑"对话框，在其中可选择要使用的入点和出点。

➢ 匹配帧设置入点：勾选该复选框后，Premiere Pro会在"源"监视器中打开主剪辑，并在当前播放指示器位置添加一个点，而不是显示剪辑的入点和出点。

2.4 项目与素材的基本操作

在Premiere Pro 2020中，编辑影片项目的基本操作包括创建项目、导入素材、编辑素材、添加视音频特效和输出影片等。下面将为大家详细讲解影片项目处理时的各项基本操作。

2.4.1 实战——创建项目文件

要制作符合要求的影视作品，首先得创建一个符合要求的项目文件，然后对项目文件的各个选项进行设置，这是视频编辑工作的基本操作。下面为大家详细讲解如何在Premiere Pro 2020中创建影片编辑项目。

01 启动Premiere Pro 2020软件，进入"主页"对话框，在其中单击"新建项目"按钮，如图2-29所示。

02 弹出"新建项目"对话框，在这里可以设置项目的名称及存储位置，如图2-30所示，单击"位置"选项后的"浏览"按钮，可以在打开的对话框中自定义项目文件的存放位置。

图2-29　　　　　　　　　　　　　　　图2-30

03 单击"确定"按钮，进入工作界面。执行"文件"|"新建"|"序列"命令，或按快捷键Ctrl+N，打开"新建序列"对话框，如图2-31所示。在对话框左侧的序列预设列表中，可以根据实际需求选择一种预设，并可在下方的"序列名称"文本框中自定义序列名称。

04 完成序列设置后，单击"确定"按钮，即可完成项目的创建，序列会自动添加至"项目"面板，如图2-32所示。

图2-31　　　　　　　　　　　　　　　图2-32

2.4.2　实战——调整项目参数

在Premiere Pro中，如果对创建的项目设置不满意，可以通过执行相关命令，来对项目参数进行调整修改。下面为大家讲解调整项目参数的具体操作。

01 在Premiere Pro 2020中创建项目或打开项目的情况下，执行"文件"|"项目设置"|"常规"命令，如图2-33所示。

02 打开"项目设置"对话框，在"常规"选项卡中，可以调整视频显示格式和音频显示格式，以及动作与字幕安全区域，如图2-34所示。

03 切换至"暂存盘"选项卡，在该选项卡中可以设置视频、音频的存储路径，如图2-35所示。

04 完成项目参数的调整后，单击对话框中的"确定"按钮即可。

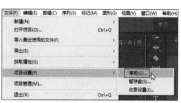

图2-33

图2-34

图2-35

2.4.3　保存项目文件

对项目进行保存操作，可以方便用户随时打开项目进行二次编辑处理。在Premiere Pro 2020中保存项目的方法主要有以下几种。

➤ 执行"文件"|"保存"命令（快捷键Ctrl+S），可快速保存项目文件，如图2-36所示。

➤ 执行"文件"|"另存为"命令（快捷键Ctrl+Shift+S），如图2-37所示。弹出"保存项目"对话框，在其中可设置项目名称及存储位置，如图2-38所示，单击"保存"按钮即可保存项目。

图2-36　　　　　图2-37

图2-38

➤ 执行"文件"|"保存副本"命令（快捷键Ctrl+Alt+S），如图2-39所示。弹出"保存项目"对话框，在其中可设置项目名称及存储位置，如图2-40所示，单击"保存"按钮，即可将当前项目保存为副本文件。

图2-39　　　　　　　　　　　　　　　图2-40

2.4.4　实战——编辑项目文件

要将"项目"面板中的素材添加到时间轴面板，只需选中"项目"面板中的素材，然后将它们拖入时间轴面板中的相应轨道上即可。将素材拖入时间轴面板后，可对素材进行编辑处理，例如控制素材播放速度、调整持续时间等。

01 启动Premiere Pro 2020软件，按快捷键Ctrl+O，打开路径文件夹中的"泡泡.prproj"项目文件。进入工作界面后，可以看到"项目"面板中已经创建好的序列和导入的素材文件，如图2-41所示。

02 在"项目"面板中选中"泡泡.jpg"素材，将其拖入时间轴面板的V1视频轨道中，如图2-42所示。

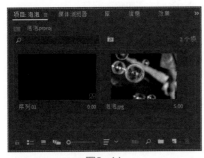
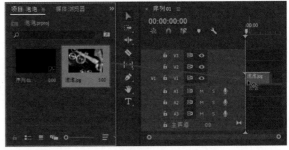

图2-41　　　　　　　　　　　　　　　图2-42

03 在时间轴面板中右击"泡泡.jpg"素材，在弹出的快捷菜单中选择"速度/持续时间"选项，如图2-43所示。

04 弹出"剪辑速度/持续时间"对话框，这里显示素材的"持续时间"为00:00:05:00，如图2-44所示。

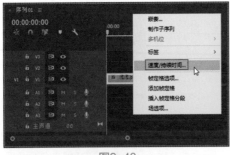

图2-43　　　　　　　　　　　　　　　图2-44

05　在对话框中调整"持续时间"为00:00:03:00，如图2-45所示，然后单击"确定"按钮。

06　完成上述操作后，可在时间轴面板中查看素材的持续时间，此时素材持续时间已变为3秒，如图2-46
所示。

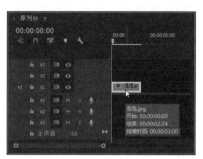

图2-45　　　　　　　　　　　　　　　　图2-46

2.4.5　导入素材

Premiere Pro 2020支持导入图像、音频、视频、序列和PSD图层文件等多种类型和文件格式的素
材，它们的导入方法大致相同，主要有以下几种。

1. 菜单命令导入

执行"文件"|"导入"命令（快捷键Ctrl+I），或者在"项目"面板的空白位置右击，在弹出的快
捷菜单中选择"导入"选项，在弹出的"导入"对话框中选择需要的素材，然后单击"打开"按钮，如
图2-47所示，即可将选择的素材导入"项目"面板，如图2-48所示。

图2-47　　　　　　　　　　　　　　　　图2-48

2. 面板导入

打开"媒体浏览器"面板，找到素材所在的文件夹，选择一个或多个素材，右击，在弹出的快捷菜
单中选择"导入"选项，如图2-49所示，即可将所需素材导入"项目"面板。

3. 拖入素材

打开素材所在文件夹，选中要导入的一个或多个素材，按住鼠标左键，并将其拖到Premiere Pro
2020的"项目"面板中，释放鼠标左键，即可将素材导入"项目"面板，如图2-50所示。

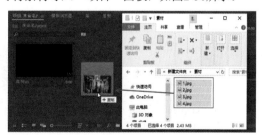

图2-49　　　　　　　　　　　　　　　　图2-50

2.4.6 实战——导入PSD文件

在Premiere Pro 2020中导入PSD图层文件，可以选择合并图层或者分离图层，在分离图层中又可以选择导入单个图层或者多个图层。下面为大家讲解将PSD文件导入Premiere Pro 2020中的具体操作。

01 启动Premiere Pro 2020软件，按快捷键Ctrl+O，打开路径文件夹中的"导入PSD文件.prproj"项目文件。进入工作界面后，可以看到"项目"面板中已经创建好的序列，如图2-51所示。

02 打开"媒体浏览器"面板，找到PSD素材文件所在的路径文件夹，如图2-52所示。

图2-51

图2-52

03 在"媒体浏览器"面板右侧选中需要导入的"小熊.psd"文件，右击，在弹出的快捷菜单中选择"导入"选项，如图2-53所示。

04 弹出"导入分层文件：小熊"对话框，如图2-54所示。

图2-53

图2-54

05 展开"导入为"选项下拉列表，选择"各个图层"选项，如图2-55所示。

06 选择"小熊"和"背景"图层（即所需图层），单击"确定"按钮，即可将PSD文件导入"项目"面板，如图2-56所示。

图2-55

图2-56

07 在"项目"面板中双击"小熊"素材箱，即可打开素材箱查看图层素材，如图2-57所示。

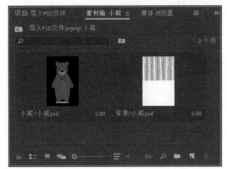

图2-57

2.5 输出影片

在影片编辑完成后，若要得到便于分享和随时观看的视频，就需要将Premiere Pro中的剪辑进行输出。通过Premiere Pro自带的输出功能，可以将影片输出为各种格式，以便分享到网上与朋友共同观赏。

2.5.1 影片输出类型

Premiere Pro 2020提供了多种输出选择，用户可以将剪辑输出为不同类型的影片，来满足不同的观看需要，还可以与其他编辑软件进行数据交换。

执行"文件"|"导出"命令，在弹出的子菜单中包含了Premiere Pro 2020所支持的输出类型，如图2-58所示。

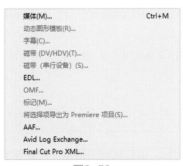

图2-58

参数介绍如下。

➢ 媒体（M）：选择该项，将弹出"导出设置"对话框，如图2-59所示，在该对话框中可以进行各种格式的媒体输出设置和操作。

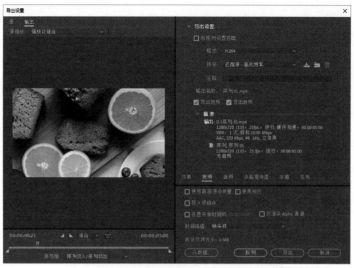

图2-59

> 字幕（C）：用于单独输出在Premiere Pro 2020软件中创建的字幕文件。

> 磁带（DV/HDV）（T）：选择该项，可以将完成的影片直接输出到专业录像设备的磁带上。

> EDL（编辑决策列表）：选择该选项，将弹出"EDL导出设置"对话框，如图2-60所示，在其中进行设置，并输出一个描述剪辑过程的数据文件，可以导入到其他的编辑软件中进行编辑。

图2-60

> OMF（公开媒体框架）：可以将序列中所有激活的音频轨道输出为OMF格式，再导入其他软件中继续编辑润色。

> AAF（高级制作格式）：将影片输出为AAF格式，该格式支持多平台多系统的编辑软件，是一种高级制作格式。

> Final Cut Pro XML（Final Cut Pro交换文件）：用于将剪辑数据转移到Final Cut Pro剪辑软件上继续进行编辑。

2.5.2 输出参数设置

决定影片质量的因素有很多，例如，编辑所使用的图形压缩类型、输出的帧速率、播放影片的计算机系统速度等。输出影片之前，需要在"导出设置"对话框中对导出影片的质量进行参数设置，不同的参数设置所输出的影片效果也会有较大的差别。

选择需要输出的序列文件，执行"文件"|"导出"|"媒体"命令（快捷键Ctrl+M），弹出"导出设置"对话框，如图2-61所示。

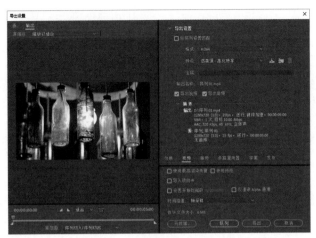

图2-61

参数介绍如下。

- ➤ 与序列设置匹配：勾选该复选框，会将输出设置匹配到序列的参数设置。
- ➤ 格式：在右侧的下拉列表中可以选择影片输出的格式。
- ➤ 预设：用于设置输出影片的制式。
- ➤ 输出名称：设置输出影片的名称。
- ➤ 导出视频：默认为勾选状态，如果取消勾选该复选框，则表示不输出该影片的图像画面。
- ➤ 导出音频：默认为勾选状态，如果取消勾选该复选框，则表示不输出该影片的声音。
- ➤ 摘要：在该选区中会显示输出路径、名称、尺寸、质量等信息。
- ➤ 视频（选项卡）：主要用于设置输出视频的编码器和质量、尺寸、帧速率、长宽比等基本参数。
- ➤ 音频（选项卡）：主要用于设置输出音频的编码器、采样率、声道、样本大小等参数。
- ➤ 使用最高渲染质量：勾选该复选框，将使用软件默认的最高质量参数进行影片输出。
- ➤ 导出：单击该按钮，开始进行影片输出。
- ➤ 源范围：用于设置导出全部素材或"时间轴"中指定的工作区域。

2.5.3 实战——输出单帧图像

在Premiere Pro 2020中，可以选择影片序列的任意一帧，将其输出为一张静态图片。下面为大家介绍输出单帧图像的操作方法。

01 启动Premiere Pro 2020软件，按快捷键Ctrl+O，打开路径文件夹中的"单帧图像输出.prproj"项目文件。进入工作界面后，可以看到时间轴面板中已经添加好的一段视频素材，如图2-62所示。

02 在时间轴面板中选择"玩具船.mp4"素材，然后将时间线移动到00:00:03:24位置（即确定要输出的单帧图像画面所处时间点），如图2-63所示。

图2-62

图2-63

03 执行"文件"|"导出"|"媒体"命令，或按快捷键Ctrl+M，弹出"导出设置"对话框，如图2-64所示。

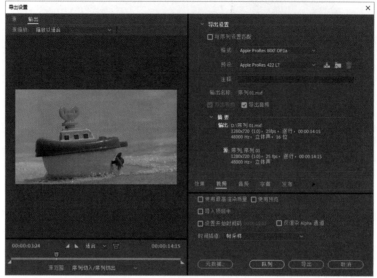

图2-64

04 在"导出设置"对话框中展开"格式"下拉列表，在下拉列表中选择"JPEG"格式，然后单击"输出名称"右侧文字，在弹出的"另存为"对话框中，为输出文件设定名称及存储路径，如图2-65和图2-66所示。

图2-65

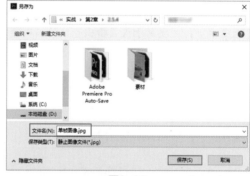

图2-66

05 在"视频"选项卡中取消勾选"导出为序列"复选框，如图2-67所示。

06 单击"导出设置"对话框底部的"导出"按钮，如图2-68所示。

图2-67

图2-68

提示 在上述步骤中，若设置格式后不取消勾选"导出为序列"对话框，那么最终在存储文件夹中将导出连串序列图像，而不是单帧序列图像。

07 完成上述操作后，可在设定的计算机存储文件夹中找到输出的单帧图像文件，如图2-69所示。

图2-69

2.5.4　实战——输出序列文件

Premiere Pro 2020可以将编辑完成的影片输出为一组带有序列号的序列图片，下面为大家介绍输出序列图片的操作方法。

01 启动Premiere Pro 2020软件，按快捷键Ctrl+O，打开路径文件夹中的"序列文件输出.prproj"项目文件。进入工作界面后，在时间轴面板中选择"西红柿.mp4"素材，并将时间线移动到素材起始位置，如图2-70所示。

02 执行"文件"|"导出"|"媒体"命令，或按快捷键Ctrl+M，弹出"导出设置"对话框。展开"格式"下拉列表，在下拉列表中选择"JPEG"格式，也可以选择"PNG"和"TIFF"等格式，如图2-71所示。

图2-70　　　　　　　　　　　　　图2-71

03 单击"输出名称"右侧文字，在弹出的"另存为"对话框中，为输出文件设定名称及存储路径，如图2-72所示，完成后单击"保存"按钮。

04 在"视频"选项卡中勾选"导出为序列"复选框，如图2-73所示。

图2-72　　　　　　　　　　　　　图2-73

05 完成上述操作后，单击"导出设置"对话框底部的"导出"按钮，导出完成后，可在设定的计算机存储文件夹中找到输出的序列图像文件，如图2-74所示。

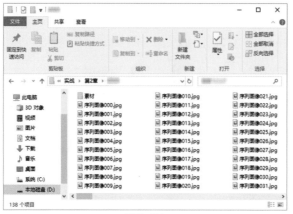

图2-74

2.5.5 实战——输出MP4格式影片

MP4格式是目前比较主流且常用的一种视频格式，下面就为大家介绍如何在Premiere Pro 2020中输出MP4格式的影片。

01 启动Premiere Pro 2020软件，按快捷键Ctrl+O，打开路径文件夹中的"纸鹤.prproj"项目文件。进入工作界面后，将"项目"面板中的"千纸鹤.mov"素材拖入时间轴面板的V1轨道，如图2-75所示。

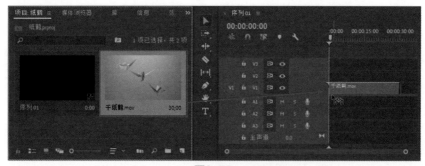

图2-75

02 弹出"剪辑不匹配警告"对话框，单击"更改序列设置"按钮，如图2-76所示，保持素材序列的设置。

图2-76

03 执行"文件"|"导出"|"媒体"命令，或按快捷键Ctrl+M，弹出"导出设置"对话框。展开"格式"下拉列表，在下拉列表中选择"MPEG4"格式，然后展开"源缩放"选项的下拉列表，选择"缩放以填充"选项，如图2-77所示。

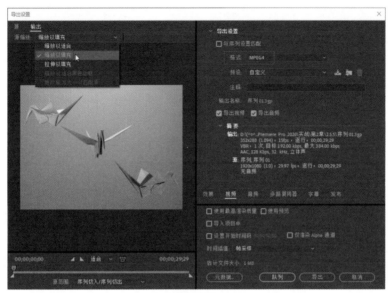

图2-77

04 单击"输出名称"右侧文字，在弹出的"另存为"对话框中为输出文件设定名称及存储路径，如图2-78所示，完成后单击"保存"按钮。

05 切换至"多路复用器"选项卡，在"多路复用器"下拉菜单中选择"MP4"选项，如图2-79所示。

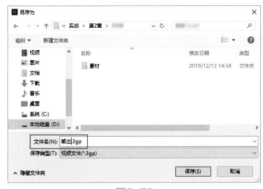

图2-78

图2-79

06 切换至"视频"选项卡，在该选项卡中设置"帧速率"为25，"长宽比"为"D1/DV PAL宽银幕16：9（1.4587）"，"电视标准"为"PAL"，如图2-80所示。

07 设置完成后，单击"导出"按钮，影片开始输出，同时弹出正在渲染对话框，在该对话框中可以看到输出进度和剩余时间，如图2-81所示。

图2-80

图2-81

08 导出完成后，可在设定的计算机存储文件夹中找到输出的MP4格式视频文件，如图2-82所示。

图2-82

2.6 本章小结

　　本章主要介绍了Premiere Pro 2020的配置要求，以及Premiere Pro 2020中各个工作面板和菜单命令的作用，以帮助读者快速了解Premiere Pro 2020的工作环境。之后还详细介绍了Premiere Pro 2020的具体工作流程，包括创建影片、导入素材、编辑素材、添加视音频特效和输出影片，并通过多个实例帮助读者体验Premiere Pro 2020的工作流程。希望通过本章的学习，能帮助读者进一步巩固Premiere Pro 2020软件操作基础。

从工作流程来看，素材采集是视频编辑的首要工作。在使用Premiere Pro进行项目制作时，视频素材的质量通常会影响最终作品的质量，所以如何采集符合要求的优质素材，是视频编辑工作中至关重要的一步。Premiere Pro 2020为用户提供了高效可靠的采集选项，能帮助用户便捷地从外部设备采集素材，或在Premiere Pro中完成素材的采集。下面将为各位读者介绍素材采集的各种方法。

本章重点

⊙ 采集视频素材
⊙ 音频素材的压缩与转制

⊙ 采集音频素材

3.1 视频素材采集

Premiere Pro作为一款视音频编辑软件，它所编辑的是一些已经存在的视频或音频素材。将原始视频素材输入到计算机硬盘中可以通过"外部视频输入"和"软件视频素材输入"两种方式进行。

其中，"外部视频输入"是指将摄像机、放像机等设备中拍摄或录制的视频素材输入到计算机硬盘上；而"软件视频素材输入"是指将一些由3ds Max、Maya等应用软件制作的动画视频素材输入到计算机硬盘上。

3.1.1 关于数字视频

数字视频就是先用摄像机之类的视频捕捉设备，将外界影像的颜色和亮度信息转变为电信号，再记录到存储介质。数字视频一般以每秒30帧的速度进行播放，电影播放的帧率是每秒24帧。数字视频的格式有很多种MPEG-1、MPEG-2、DAC、AVI、RGB、YUV、复合视频和S-Video、NTSC、PAL和SECAM、Ultrascale等。

3.1.2 采集视频素材

采集视频素材是指将DV录像带中的模拟视频信号采集并转换成数字视频文件的过程。通过专用数据线将摄像设备连接到计算机预先安装的视频采集卡上，并打开录像机，然后在Premiere Pro 2020中执行"文件"|"捕捉"命令（快捷键F5），可进入"捕捉"设置面板，如图3-1所示。

参数介绍如下。

➢ 记录：该选项卡中的参数，主要用于对捕捉生成的素材进行相关信息的设置。

➢ 设置：单击该选项后进入"设置"选项卡。

➢ 捕捉：用于设置捕捉的内容，包括"音频""视频""音频和视频"3个选项。

➢ 将剪辑记录到：显示捕捉得到的媒体文件在当前项目文件中的存放位置。

➢ 剪辑数据：设置捕捉得到的媒体文件的名称、描述、场景、注释等信息。

> 时间码：用于设置要从录像带中进行捕捉采集的时间范围，在设置好入点和出点后，单击"磁带"按钮，则捕捉整个磁带中的内容。

> 场景检测：勾选该复选框，可以自动按场景归类，分开采集。

> 过渡帧：设置在指定的入点、出点范围之外采集的帧长度。

在"捕捉"设置面板中单击"设置"按钮，切换到"设置"选项卡，如图3-2所示。

图3-1   图3-2

参数介绍如下。

> 捕捉设置：用于设置当前要捕捉模拟视频的格式，单击下方的"编辑"按钮，在弹出的对话框中，可以根据实际情况选择DV或HDV选项，如图3-3所示。

> 捕捉位置：用于设置捕捉获取的视频、音频文件在计算机中的存放位置。

> 设备控制：在"设备"下拉列表中选择"无"，则使用程序进行捕捉过程的控制；选择"DV/HDV设备控制"，则可以使用连接在计算机上的摄像机或其他相关设备进行捕捉控制。单击"选项"按钮，进入"DV/HDV设备控制"对话框，在其中可以设置设备的其他属性参数，如图3-4所示。

图3-3   图3-4

> 预卷时间：用于设置DV设备中的录像带在执行捕捉采集前的运转时间。

> 时间码偏移：设置捕捉到的素材与录像带之间的时间码偏移补偿，以降低采集误差，提高同步质量。

> 丢帧时中止捕捉：勾选该复选框，在捕捉时如果丢帧，会自动停止捕捉。

3.1.3 实战——从DV中采集素材

下面以实例的形式，为大家演示从DV中采集素材的操作方法。

01 启动Premiere Pro 2020软件，按快捷键Ctrl+O，打开路径文件夹中的"采集.prproj"项目文件，在项目文件中已经创建好了序列，如图3-5所示。

02 执行"编辑"|"首选项"|"捕捉"命令，弹出"首选项"对话框，在其中对"捕捉"的各项参数进行设置，如图3-6所示。

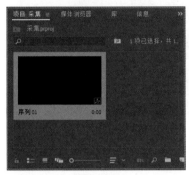 

图3-5   图3-6

03 在左侧列表中选择"设备控制"选项，然后在右侧参数面板中，从"设备"下拉列表中选择"DV/HDV设备控制器"选项，如图3-7所示。

04 在面板中单击"选项"按钮，设置"视频标准""设备品牌""设备类型""时间码格式"等参数，如图3-8所示，完成操作后单击"确定"按钮。

图3-7   图3-8

05 完成设置后单击"确定"按钮，回到工作界面。执行"文件"|"捕捉"命令，打开"捕捉"设置面板，在"记录"选项卡中设置"捕捉"选项为"音频和视频"；在"剪辑数据"选项组中设置"磁带名称""剪辑名称"等参数，如图3-9所示。

06 切换到"设置"选项卡，单击"编辑"按钮，在弹出的对话框中设置"捕捉格式"为"DV"，如图3-10所示。

图3-9   图3-10

07 在"设置"选项卡中的"捕捉位置"选项组中，可查看或自定义素材的保存位置，如图3-11所示。

08 完成设置后，单击"捕捉"设置面板中的"录制"按钮■，系统会将播放的视频数据记录到电脑硬盘指定位置，采集的视频会在"项目"面板中显示，如图3-12所示。

图3-11　　　　　　　　　　　图3-12

3.2　音频素材采集

在进行影视编辑时，如果需要一些特定的配音、独白或背景音乐，就需要录制音频素材。本节就为大家介绍两种录制音频素材的方法：使用Windows录音机录制音频和使用Premiere Pro 2020录制音频。

3.2.1　使用Windows录音机录制音频

在Windows 10操作系统中附带了可以录制音频的小软件——录音机，通过录音机录制的音频文件可以作为视频编辑中的音频素材使用，下面为大家介绍使用Windows录音机录制音频的方法。

单击任务栏中的"开始"按钮⊞，在程序列表中找到"录音机"选项，如图3-13所示，单击该选项进入"录音机"程序，如图3-14所示。

图3-13　　　　　　　　　　　图3-14

在确认麦克风已经插入到声卡的麦克风插孔后，单击"录音机"程序界面中心的"录制"按钮◉（快捷键Ctrl+R），即可开始录制音频，如图3-15所示。

完成录制后，单击"停止录制"按钮◉，即可完成音频的录制。右击列表中生成的音频文件，可在弹出的快捷菜单中选择对音频进行删除、重命名或打开文件位置等操作，如图3-16所示。

图3-15　　　　　　　　　　　图3-16

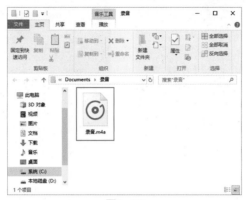

图3-17

3.2.2 在Premiere Pro 2020中录制音频

Premiere Pro 2020中的"音轨混合器"具有基本的录音棚功能。

在工作界面执行"窗口"|"音轨混合器"命令，在打开的"音轨混合器"面板中可以直接录制由声卡输入的任何声音，如图3-18所示。

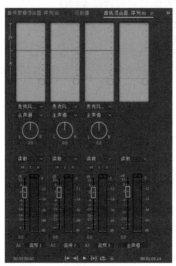

图3-18

如果在时间轴面板中已添加视频素材，并且想为视频录制叙述材料，则可以将时间线移动到音频开始前约5秒钟的位置，这样是为了预留一些空间方便后期剪辑。

在"音轨混合器"面板中单击所要录制轨道部分的"启用轨道以进行录制"按钮，此时该按钮会变成红色，如图3-19所示。如果正在录制画外音叙述材料，那么可以在轨道中单击"独奏轨道"按钮，此时该按钮会变为黄色，如图3-20所示，该操作可以使来自其他音频轨道的输出变为静音。

单击"音轨混合器"面板右上角的按钮，选择"仅计量器输入"选项，如图3-21所示，此时面板菜单中会出现一个对号标记，代表已经执行该命令、激活静音输入时，仍然可以查看未录制轨道的轨道音量。

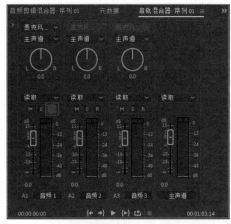

图3-19

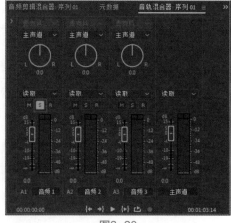

图3-20

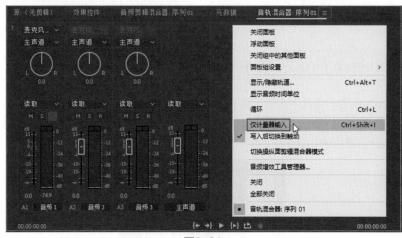

图3-21

在录制音频时，还需要注意以下几点。

➢ 对着麦克风开始录制话音。录制话音时，声音级别应接近0dB，且保持不进入红色区域。

➢ 调整麦克风或录制输入设备的音量至最佳。

➢ 单击"音轨混合器"面板底部的"播放-停止-切换"按钮▶，开始录制话音。

➢ 录制完成后，单击"音轨混合器"面板底部的"录制"按钮●结束录制。

➢ 录制完成的音频剪辑将显示在被选中的音频轨道上和"项目"面板中。Premiere Pro 2020会自动根据音频轨道编号或名字命名该剪辑，并在硬盘上该项目文件夹中添加这个音频文件。

3.3 综合实战——音频素材的压缩与转制

下面以实例的形式为大家讲解如何在Premiere Pro 2020中进行音频素材的压缩与转制。

01 启动Premiere Pro 2020软件，按快捷键Ctrl+O，打开路径文件夹中的"篮球.prproj"项目文件。

02 执行"文件"|"导出"|"媒体"命令，弹出"导出设置"对话框，如图3-22所示。

03 在"导出设置"对话框中展开"格式"下拉列表，选择"Quick Time"选项，如图3-23所示。

04 展开"预设"下拉列表，选择"PAL DV"选项，如图3-24所示。

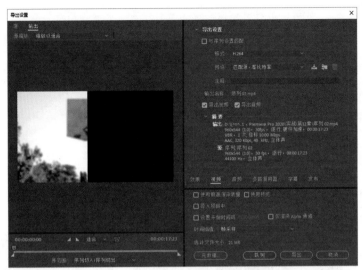

图3-22

图3-23

图3-24

提示　　　这里可以根据实际需求，单击"输出名称"右侧的文字选项，打开对话框设置输出文件的保存位置。

05 切换到"视频"选项卡，在该选项卡中展开"视频编解码器"下拉列表，选择"DV 25 PAL"选项，如图3-25所示。

06 完成操作后，单击"导出"按钮开始输出影片，如图3-26所示。

图3-25

图3-26

3.4　本章小结

　　本章主要带领各位读者学习了素材采集的相关知识及操作，其中素材的采集分别介绍了视频素材的采集方法和音频素材的录制方法。掌握本章所学知识点，有助于大家在日后进行视音频采集工作时得心应手。

第4章

视频素材的剪辑

剪辑，是对所拍摄的镜头进行分割、取舍和组建的过程，并将零散的片段拼接为一个有节奏、有故事感的作品。对视频素材进行剪辑是确定影片内容的重要操作，需要熟练掌握素材剪辑的技术与技巧，下面就为大家详细讲解视频素材剪辑的各项基本操作。

本章重点

- ⊙ 蒙太奇的概念
- ⊙ 波纹删除素材
- ⊙ 调整素材的播放速度
- ⊙ 剪辑常用工具
- ⊙ 添加、删除轨道
- ⊙ 插入和覆盖编辑

本章效果欣赏

4.1　认识剪辑

剪辑是视频制作过程中必不可少的一道工序，在一定程度上决定了视频质量的好坏，可以影响作品的叙事、节奏和情感，更是视频的二次升华和创作基础。剪辑的本质是通过视频中主体动作的分解组合来完成蒙太奇形象的塑造，从而传达故事情节，实现内容的叙述。

4.1.1 蒙太奇的概念

蒙太奇,法文Montage的音译,原为装配、剪切之意,是一种在影视作品中常见的剪辑手法。在电影的创作中,电影艺术家先把全篇所要表现的内容分成许多不同的镜头,进行分别拍摄,然后再按照原先规定的创作构思,把这些镜头有机地组接起来,产生平行、连贯、悬念、对比、暗示、联想等作用,形成各个有组织的片段和场面,直至成为一部完整的影片。这种按导演的创作构思组接镜头的方法就是蒙太奇。

蒙太奇表现方式大致可分为两类:叙述性蒙太奇和表现性蒙太奇。

1. 叙述性蒙太奇

叙述性蒙太奇是通过一个个画面,来讲述动作、交代情节、演示故事。叙述性蒙太奇有连续式、平行式、交叉式、复现式这4种基本形式。

➢ 连续式:连续式蒙太奇是沿着一条单一的情节线索,按照事件的逻辑顺序,有节奏地连续叙事。这种叙事自然流畅,朴实平顺,但由于缺乏时空与场面的变换,无法直接展示同时发生的情节,难于突出各条情节线之间的对列关系,不利于概括,易有拖沓冗长、平铺直叙之感。因此,在一部影片中绝少单独使用,多与平行、交叉蒙太奇交混使用,相辅相成。

➢ 平行式:在影片故事发展过程中,通过两件或三件内容性质上相同,而在表现形式上不尽相同的事,同时异地并列进行,而又互相呼应、联系,起着彼此促进、互相刺激的作用,这种方式就是平行式蒙太奇。平行式蒙太奇不重在时间的因素,而重在几条线索的平行发展,靠内在的悬念把各条线的戏剧动作紧紧地接在一起,采用迅速交替的手段,造成悬念,并逐渐强化紧张气氛,使观众在极短的时间内,看到两个情节的发展,最后又相互结合在一起。

➢ 交叉式:在交叉式蒙太奇中,有两个以上具有同时性的动作或场景交替出现。它是由平行式蒙太奇发展而来的,但更强调同时性、密切的因果关系,以及迅速频繁的交替表现,因而能使动作和场景产生互相影响、互相加强的作用。这种剪辑技巧极易引起悬念,造成紧张激烈的气氛,加强矛盾冲突的尖锐性,是掌握观众情绪的有力手法。惊险片、恐怖片和战争片常用此法造成追逐和惊险的场面。

➢ 复现式:复现式蒙太奇,即前面出现过的镜头或场面,在关键时刻反复出现,造成强调、对比、呼应、渲染等艺术效果。在影视作品中,各种构成元素,如人物、景物、动作、场面、物件、语言、音乐、音响等,都可以通过精心构思反复出现,以期产生独特的寓意和印象。

2. 表现性蒙太奇

表现性蒙太奇(也称对列蒙太奇),不是为了叙事,而是为了某种艺术表现的需要。它不是以事件发展顺序为依据的镜头组合,而是通过不同内容镜头的对列,来暗示、来比喻、来表达一个原来不曾有的新含义,一种比人们所看到的表面现象更深刻、更富有哲理的东西。表现性蒙太奇在很大程度上是为了表达某种思想或某种情绪意境,造成一种情感的冲击力。表现性蒙太奇有对比式、隐喻式、心理式和累积式这4种形式。

➢ 对比式:即把两种思想内容截然相反的镜头放在一起,利用它们之间的冲突造成强烈的对比,以表达某种寓意、情绪或思想。

➢ 隐喻式:隐喻式蒙太奇是一种独特的影视比喻,它是通过镜头的对列将两个不同性质的事物间的某种相类似的特征突现出来,以此喻彼,刺激观众的感受。隐喻式蒙太奇的特点是巨大的概括力和简洁的表现手法相结合,具有强烈的情绪感染力和造型表现力。

➢ 心理式:即通过镜头的组接展示人物的心理活动。如表现人物的闪念、回忆、梦境、幻觉、甚至潜意识的活动。它是人物心理的造型表现,其特点是片断性和跳跃性,主观色彩强烈。

➢ 累积式:即把一连串性质相近的同类镜头组接在一起,造成视觉的累积效果。累积式蒙太奇也可用以叙事,也可成为叙述性蒙太奇的一种形式。

4.1.2 镜头衔接的技巧

无技巧组接就是通常所说的"切"，是指不用任何电子特技，而是直接用镜头的自然过渡来链接镜头或者段落的方法。常用的组接技巧有以下几种。

➢ 淡出淡入：淡出是指上一段落最后一个镜头的画面逐渐隐去直至黑场，淡入是指下一段落第一个镜头的画面逐渐显现直至正常的亮度。这种技巧可以给人一种间歇感，适用于自然段落的转换。

➢ 叠化：叠化是指前一个镜头的画面和后一个镜头的画面相叠加，前一个镜头的画面逐渐隐去，后一个镜头的画面逐渐显现的过程，两个画面有一段过渡时间。叠化特技主要有以下几种功能：一是用于时间的转换，表示时间的消逝；二是用于空间的转换，表示空间已发生变化；三是用叠化表现梦境、想像、回忆等插叙、回叙场合；四是表现景物变幻莫测、琳琅满目、目不暇接。

➢ 划像：划像可分为划出与划入。前一画面从某一方向退出荧屏称为划出，下一画面从某一方向进入荧屏称为划入。划出与划入的形式多种多样，根据画面进、出荧屏的方向不同，可分为横划、竖划、对角线划等。划像一般用于两个内容意义差别较大的镜头的组接。

➢ 键控：键控分黑白键控和色度键控两种。其中，黑白键控又分内键与外键，内键控可以在原有彩色画面上叠加字幕、几何图形等；外键控可以通过特殊图案重新安排两个画面的空间分布，把某些内容安排在适当位置，形成对比性显示。而色度键控常用在新闻片或文艺片中，可以把人物嵌入奇特的背景中，构成一种虚设的画面，增强艺术感染力。

4.1.3 镜头衔接的原则

影片中镜头的前后顺序并不是杂乱无章的，在视频编辑的过程中往往会根据剧情需要，选择不同的组接方式。镜头组接的总原则是：合乎逻辑，内容连贯，衔接巧妙。具体可分为以下几点。

1. 符合观众的思想方式和影视表现规律

镜头的组接不能随意，必须要符合生活的逻辑和观众思维的逻辑。因此，影视节目要表达的主题与中心思想一定要明确，这样才能根据观众的心理要求即思维逻辑来考虑选用哪些镜头，以及怎样将它们有机地组合在一起。

2. 遵循镜头调度的轴线规律

所谓的"轴线规律"是指拍摄的画面是否有"跳轴"现象。在拍摄的时候，如果拍摄机的位置始终在主体运动轴线的同一侧，那么构成画面的运动方向、放置方向都是一致的，否则称为"跳轴"。"跳轴"的画面一般情况下是无法组接的。在进行组接时，遵循镜头调度的轴线规律拍摄的镜头，能使镜头中的主体物的位置、运动方向保持一致，合乎人们观察事物的规律，否则就会出现方向性混乱。

3. 景别的过渡要自然、合理

表现同一主体的两个相邻镜头组接时要遵守以下原则。

➢ 两个镜头的景别要有明显变化，不能把同机位、同景别的镜头相接。因为同一环境里的同一对象，机位不变，景别又相同，两镜头相接后会产生主体的跳动。

➢ 景别相差不大时，必须改变摄像机的机位，否则也会产生明显跳动，好像一个连续镜头从中截去一段。

➢ 对不同主体的镜头组接时，同景别或不同景别的镜头都可以组接。

4. 镜头组接要遵循"动接动"和"静接静"的原则

如果画面中同一主体或不同主体的动作是连贯的，可以动作接动作，达到顺畅、简洁过渡的目的，则简称为"动接动"。如果两个画面中的主体运动是不连贯的，或者它们中间有停顿时，那么这两个镜头的组接，必须在前一个画面主体做完一个完整动作停下来后，再接上一个从静止到运动的镜头，则称为"静接静"。

"静接静"组接时，前一个镜头结尾停止的片刻叫"落幅"，后一镜头运动前静止的片刻叫"起幅"。起幅与落幅时间间隔大约为1～2秒钟。运动镜头和固定镜头组接，同样需要遵循这个规律。如一个固定镜头要接一个摇镜头，则摇镜头开始时要有起幅；相反一个摇镜头接一个固定镜头，那么摇镜头要有落幅，否则画面就会给人一种跳动的视觉感。有时为了实现某种特殊效果，也会用到"静接动"或"动接静"的镜头。

5. 光线、色调的过渡要自然

在组接镜头时，要注意相邻镜头的光线与色调不能相差太大，否则会导致镜头组接太突然，使人感觉影片不连贯、不流畅。

4.1.4 剪辑的基本流程

在Premiere中，剪辑可分为整理素材、初剪、精剪和完善这4个流程。

1. 整理素材

前期的素材整理对后期剪辑具有非常大的帮助。通常在拍摄时会把一个故事情节分段拍摄，拍摄完成后，浏览所有素材，只选取其中可用的素材文件，为可用部分添加标记便于二次查找。然后可以按脚本、景别、角色将素材进行分类排序，将同属性的素材文件存放在一起。整齐有序的素材文件可提高剪辑效率和影片质量，并且可以显示出剪辑的专业性。

2. 初剪

初剪又称为粗剪，将整理完成的素材文件按脚本进行归纳、拼接，并按照影片的中心思想、叙事逻辑逐步剪辑，从而粗略剪辑成一个无配乐、旁白、特效的影片初样，并以这个初样作为这个影片的雏形，逐步去制作整个影片。

3. 精剪

精剪是影片中最重要的一道剪辑工序，是在粗剪（初样）基础上进行的剪辑操作，可以进一步挑选和保留优质镜头及内容。精剪可以控制镜头的长短、调整镜头分剪与剪接点等，是决定影片好坏的关键步骤。

4. 完善

完善是剪辑影片的最后一道工序，它在注重细节调整的同时更注重节奏点。通常在该步骤会将导演的情感、剧本的故事情节，以及观众的视觉追踪注入整体架构中，使整个影片更具看点和故事性。

4.2 剪辑工具

在Premiere中，将镜头进行删减、组接、重新编排可形成一个完整的影片，在开始这些操作之前，先来学习和掌握常用剪辑工具的使用。

4.2.1 常用剪辑工具

在Premiere Pro 2020的"工具"面板中，包括了"选择工具"▶、"波纹编辑工具"◆▶和"剃刀工具"◆等16种工具，如图4-1所示。

图4-1

下面为各位读者详细介绍"工具"面板中常用的几种剪辑工具。

1. 选择工具

"选择工具" ▶ 的快捷键为V。在Premiere中使用该工具可对素材、图形、文字等对象进行选择，还可以在选择对象后进行拖曳操作。

若想将"项目"面板中的素材文件置于"时间轴"面板中，可单击工具箱中的"选择工具"按钮▶，在"项目"面板中将光标定位在素材文件上方，按住鼠标左键将素材文件拖曳至"时间轴"面板中，如图4-2所示。

图4-2

2. 向前/向后选择轨道工具

"向前选择轨道工具" ⯈ 和"向后选择轨道工具" ⯇ 的快捷键为A。该工具可用来选择目标文件左侧或右侧同轨道上的所有素材文件。当"时间轴"面板中素材文件过多时，使用这种工具选择文件会更加方便快捷。

以"向前选择轨道工具" ⯈ 的操作为例，若要选择"1.jpg"素材文件后的所有文件，可先单击"向前选择轨道工具"按钮 ⯈，然后单击"时间轴"面板中的"2.jpg"素材，如图4-3所示。则"1.jpg"素材文件后方的文件会被全部选中，如图4-4所示。

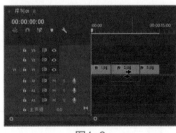

图4-3

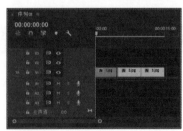

图4-4

3. 波纹编辑工具

"波纹编辑工具" ◄▮► 的快捷键为B。该工具可用来调整选中素材文件的持续时间，在调整素材文件时，素材的前方或后方可能会产生空隙，此时相邻的素材文件会自动向前移动进行空隙的填补。

在"时间轴"面板中，当素材文件的前方有空隙时，单击"波纹编辑工具"按钮 ◄▮►，将光标定位在"1.jpg"素材文件的前方，当光标变为状态时，按住鼠标左键向左侧拖动，如图4-5所示，即可将"1.jpg"素材及其后方的文件向前跟进，如图4-6所示。

图4-5　　　　　　　　　　　　　　　图4-6

4. 滚动编辑工具

"滚动编辑工具"的快捷键为N。在素材文件总长度不变的情况下，可控制素材文件自身的长度，并可以适当调整剪切点。

选择"1.jpg"素材文件，若想将该素材文件的长度增长，可单击"滚动编辑工具"按钮，将光标定位在"1.jpg"素材文件的尾端，按住鼠标左键向右侧拖曳，如图4-7所示。在不改变素材文件总长度的情况下，此时"1.jpg"素材文件变长，而相邻的"2.jpg"素材文件的长度会相对缩短，如图4-8所示。

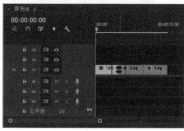

图4-7　　　　　　　　　　　　　　　图4-8

5. 比率拉伸工具

"比率拉伸工具"的快捷键为R。该工具可以改变"时间轴"面板中素材的播放速率。

单击"比率拉伸工具"按钮，当光标变为状态时，按住鼠标左键向右侧拉长，如图4-9所示。完成操作后，该素材文件的播放时间变长，速率变慢，如图4-10所示。

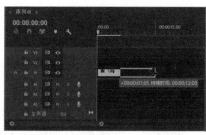
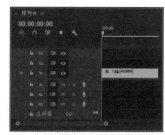

图4-9　　　　　　　　　　　　　　　图4-10

6. 剃刀工具

"剃刀工具"的快捷键为C。该工具可将一段视频裁剪为多个视频片段，按住Shift键可以同时剪辑多个轨道中的素材。

单击"剃刀工具"按钮，将光标定位在素材文件的上方（需要进行裁切的位置），单击鼠标左键即可进行裁切，如图4-11所示。完成素材的裁切后，该素材的每一段都可以成为一个独立的素材文件，如图4-12所示。

图4-11

图4-12

4.2.2 取消视音频链接

当素材文件中的视音频链接在一起时，想对视频或音频素材进行单独操作就会很不方便。在Premiere中，若要对视频或音频素材进行单独操作，可选择解除视音频链接。

单击"选择工具"按钮▶，右击选择该素材文件，在弹出的快捷菜单中选择"取消链接"选项，如图4-13所示。选择该选项后，便可以针对"时间轴"面板中的视频文件、音频文件进行单独移动、分割等其他操作，如图4-14所示。

图4-13

图4-14

4.2.3 实战——波纹删除素材

"波纹删除"命令能很好地提高工作效率，常搭配"剃刀工具"一起使用。在剪辑时，一般会将废弃的片段进行删除，但直接删除素材往往会留下空隙。而使用"波纹删除"命令，则不用再去移动其他素材来填补删除后的空隙，它在删除素材的同时能将前后素材文件自动连接在一起。

01 启动Premiere Pro 2020软件，按快捷键Ctrl+O，打开路径文件夹中的"水果.prproj"项目文件，效果如图4-15和图4-16所示。

图4-15

图4-16

02 在工具箱中单击"剃刀工具"按钮◆，然后将时间线滑动到00:00:10:00位置，如图4-17所示。

03 在时间线所在位置单击剪辑"橙子.jpg"素材文件，此时"橙子.jpg"素材文件被分割为两个部分，如图4-18所示。

图4-17　　　　　　　　　　　　　　图4-18

04 单击"选择工具"按钮 ▶，右击时间线右侧后半部分的"橙子.jpg"素材文件，在弹出的快捷菜单中选择"波纹删除"选项，如图4-19所示。

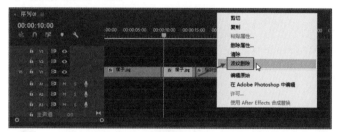

图4-19

05 完成上述操作后，在"时间轴"面板中的"樱桃.jpg"素材文件将自动向前跟进，与剩下的"橙子.jpg"素材文件连接在一起，如图4-20所示。

图4-20

4.3　素材剪辑的基本操作

本节将为各位读者讲解素材剪辑的一些基本操作，包括导入素材、预览素材、切割素材、添加或删除轨道、插入和覆盖素材、提升和提取等操作。

4.3.1　实战——导入素材

在将文件导入Premiere Pro中时，用户可以选择导入一个文件、多个文件或整个文件夹，下面为大家进行具体演示。

01 启动Premiere Pro 2020软件，按快捷键Ctrl+O，打开路径文件夹中的"导入素材.prproj"项目文件。

02 进入工作界面后，执行"文件" | "导入"命令，或按快捷键Ctrl+I，在弹出的"导入"对话框中选择路径文件夹中的"枫叶.jpg"素材，如图4-21所示，单击"打开"按钮，即可将该素材文件导入Premiere Pro，如图4-22所示。

图4-21　　　　　　　　　　　　　　　　　图4-22

03 在"项目"面板的空白处右击，在弹出的快捷菜单中选择"导入"选项，如图4-23所示。

04 在弹出的"导入"对话框中同时选中"花朵1.jpg"和"花朵2.jpg"素材，如图4-24所示，然后单击"打开"按钮。

图4-23　　　　　　　　　　　　　　　　　图4-24

提示　　　　在"导入"对话框中，用户可通过框选，或按住Ctrl键单击文件进行加选，来实现多个文件的同时选中。

05 上述操作完成后，即可将选中的两个文件同时导入Premiere Pro，如图4-25所示。

06 按快捷键Ctrl+I，弹出"导入"对话框，在其中选择"猫咪"文件夹，然后单击"导入文件夹"按钮，如图4-26所示。

图4-25　　　　　　　　　　　　　　　　　图4-26

07 上述操作完成后，即可将选中的文件夹导入Premiere Pro，如图4-27所示。

08 在"项目"面板中双击"猫咪"素材箱，可查看内部素材文件，如图4-28所示。

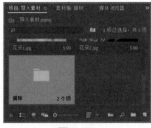

图4-27

图4-28

提示　　在进行导入操作时，需要注意的是，文件和文件夹不可同时选中进行导入，导入文件夹的操作需要单独进行。

4.3.2　在"源"监视器面板中预览素材

在将素材放进视频序列之前，可以在"源"监视器面板中，对素材进行预览和修整，如图4-29所示。要使用"源"监视器预览素材，只要将"项目"面板中的素材拖入"源"监视器面板（或双击"项目"面板中的素材），然后单击"播放-停止切换"按钮▶即可预览素材。

图4-29

功能按钮具体说明如下。

➢ 添加标记▇：单击该按钮，可在播放指示器位置添加一个标记，快捷键为M。添加标记后再次单击该按钮，可打开标记设置对话框。

➢ 标记入点▇：单击该按钮，可将播放指示器所在位置标记为入点。

➢ 标记出点▇：单击该按钮，可将播放指示器所在位置标记为出点。

➢ 转到入点▇：单击该按钮，可以使播放指示器快速跳转到片段的入点位置。

➢ 后退一帧（左侧）▇：单击该按钮，可以使播放指示器向左侧移动一帧。

➢ 播放-停止切换▶：单击该按钮，可以进行素材片段的播放预览。

➢ 前进一帧（右侧）▇：单击该按钮，可以使播放指示器向右侧移动一帧。

➢ 转到出点▇：单击该按钮，可以使播放指示器快速跳转到片段的出点位置。

➢ 插入▇：单击该按钮，可将"源"监视器面板中的素材插入序列中播放指示器的后方。

➢ 覆盖▇：单击该按钮，可将"源"监视器面板中的素材插入序列中播放指示器的后方，并会对其后的素材进行覆盖。

> 导出帧 ⬛：单击该按钮，将弹出"导出帧"对话框，如图4-30所示，用户可选择将播放指示器所处位置的单帧画面图像进行导出。

> 按钮编辑器 ✚：单击该按钮，将弹出图4-31所示的"按钮编辑器"，用户可根据实际需求调整按钮的布局。

图4-30   图4-31

> 仅拖动视频 ▦：将光标移至该按钮上方，将出现手掌形状图标，此时可将视频素材中的视频单独拖曳至序列中。

> 仅拖动音频 ▦：将光标移至该按钮上方，将出现手掌形状图标，此时可将视频素材中的音频单独拖曳至序列中。

4.3.3 实战——添加、删除轨道

Premiere Pro 2020软件支持用户添加多条视频轨道、音频轨道或音频子混合轨道，以满足项目的编辑需求。下面就为大家介绍如何在Premiere Pro 2020序列中添加和删除轨道。

01 启动Premiere Pro 2020软件，按快捷键Ctrl+O，打开路径文件夹中的"轨道操作.prproj"项目文件。进入工作界面后，可在时间轴面板中查看当前轨道分布情况，如图4-32所示。

02 在轨道编辑区的空白区域右击，在弹出的快捷菜单中选择"添加轨道"选项，如图4-33所示。

图4-32   图4-33

03 弹出"添加轨道"对话框，在其中可以添加视频轨道、音频轨道和音频子混合轨道。单击"视频轨道"选区"添加"选项后的数字1，激活文本框，输入数字2，如图4-34所示，单击"确定"按钮，即可在序列中新增2条视频轨道，如图4-35所示。

图4-34   图4-35

04 下面进行轨道的删除操作。在轨道编辑区的空白区域右击，在弹出的快捷菜单中选择"删除轨道"选项，如图4-36所示。

05 弹出"删除轨道"对话框，在其中勾选"删除音频轨道"复选框，如图4-37所示，然后单击"确定"按钮，关闭对话框。

06 上述操作完成后，可查看序列中的轨道分布情况，如图4-38所示。

图4-36

图4-37

图4-38

4.3.4 实战——剪辑素材文件

在将素材添加到序列中之前，用户可以先在"源"监视器面板中对素材进行出入点标记，对素材片段进行内容筛选，再添加到序列中。

01 启动Premiere Pro 2020软件，按快捷键Ctrl+O，打开路径文件夹中的"风景.prproj"项目文件。

02 在"项目"面板中双击"风景视频.mp4"素材，将其在"源"监视器面板中打开，可以看到此时素材片段的总时长为00:00:14:19，如图4-39所示。

03 在"源"监视器面板中，将播放指示器移动到00:00:03:00位置，单击"标记入点"按钮，将当前时间点标记为入点，如图4-40所示。

图4-39

图4-40

04 将播放指示器移动到00:00:10:00位置，单击"标记出点"按钮，将当前时间点标记为出点，如图4-41所示。

图4-41

05 将素材从"项目"面板拖入时间轴面板，即可看到素材片段的持续时长由00:00:14:19变为了00:00:07:00，如图4-42所示。

图4-42

4.3.5 实战——调整素材的播放速度

由于不同的影片播放需求，有时需要将素材进行快放或慢放，以此来增强画面的表现力。在Premiere Pro中，可以通过调整素材的播放速度来实现素材的快放或慢放操作。

01 启动Premiere Pro 2020软件，按快捷键Ctrl+O，打开路径文件夹中的"调整播放速度.prproj"项目文件。

02 在时间轴面板中右击"海滩.mp4"素材，在弹出的快捷菜单中选择"速度/持续时间"选项，如图4-43所示。

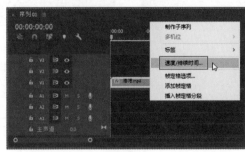

图4-43

03 弹出"剪辑速度/持续时间"对话框，如图4-44所示，此时"速度"为100%，代表素材原本的播放速度。

04 在"速度"选项后的文本框中输入数值为200，此时素材持续时间变为00:00:04:24，如图4-45所示，代表素材片段的总时长变短了，素材的播放速度变快了。同理，如果"速度"低于100%，则素材片段的总时长变长，素材的播放速度将变慢。

图4-44　　　　　　　　图4-45

提示 　除了可以在"速度"文本框中手动输入参数，还可以将光标放置在数值上，待其变为左右箭头状态后，左右拖曳即可调整数值。

05▶ 完成速度的调整后，单击"确定"按钮关闭对话框，可在"节目"监视器面板中预览调整后的片段效果，如图4-46所示。

图4-46

提示 　调整素材的播放速度会改变原始素材的帧数，这会影响影片素材的运动质量和音频素材的声音质量。因此对于一些自带音频的片段素材，要根据实际需求进行变速调整。

4.3.6　实战——分割素材

在将素材添加至"时间轴"面板后，可通过工具面板中的"剃刀工具" 对素材进行分割操作，下面为大家介绍具体的操作方法。

01▶ 启动Premiere Pro 2020软件，按快捷键Ctrl+O，打开路径文件夹中的"切割素材.prproj"项目文件。进入工作界面后，可查看时间轴面板中已经添加的素材片段，如图4-47所示。

02▶ 在时间轴面板中，将播放指示器移动到00:00:02:10位置，然后在工具面板中单击"剃刀工具"按钮 ，如图4-48所示。

03▶ 将光标移至素材上方时间线所在位置，如图4-49所示，单击，即可将素材沿当前时间线所处位置进行分割，如图4-50所示。

图4-47

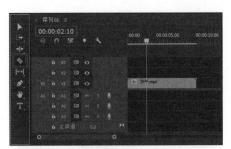

图4-48

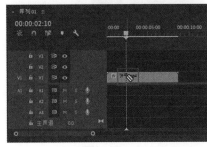

图4-49

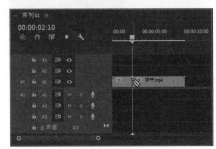

图4-50

04 上述操作完成后，素材片段被一分为二，使用"选择工具" 可对分割后的素材进行拖动调整，如图4-51所示。

图4-51

4.3.7 实战——插入和覆盖编辑

插入编辑是指在播放指示器位置添加素材，同时播放指示器后面的素材将向后移动；覆盖编辑是指在播放指示器位置添加素材，添加素材与播放指示器后面的素材重叠的部分被覆盖了，且不会向后移动。下面为大家分别演示插入和覆盖编辑的操作。

01 启动Premiere Pro 2020软件，按快捷键Ctrl+O，打开路径文件夹中的"插入和覆盖编辑.prproj"项目文件。进入工作界面后，可查看时间轴面板中已经添加的素材片段，如图4-52所示，可以看到该素材片段的持续时间为15秒。

02 在时间轴面板中，将播放指示器移动到00:00:05:00位置，如图4-53所示。

03 将"项目"面板中的"风景2.jpg"素材拖入"源"监视器面板（这里素材的默认持续时间为5秒），然后单击"源"监视器面板下方的"插入"按钮，如图4-54所示。

图4-52

图4-53　　　　　　　　　　　　　　　　　图4-54

04 上述操作完成后，"风景2.jpg"素材将被插入序列中00:00:05:00位置，同时"风景1.jpg"素材被分割为两个部分，原本位于播放指示器后方的"风景1.jpg"素材向后移动了，如图4-55所示。

05 下面演示覆盖编辑操作。在时间轴面板中，将播放指示器移动到00:00:15:00位置，如图4-56所示。

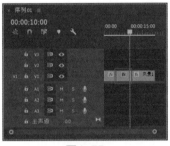
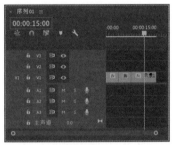

图4-55　　　　　　　　　　　　　　　　　图4-56

06 将"项目"面板中的"风景3.jpg"素材拖入"源"监视器面板（这里素材的默认持续时间为5秒），然后单击"源"监视器面板下方的"覆盖"按钮，如图4-57所示。

07 上述操作完成后，"风景3.jpg"素材将被插入00:00:15:00位置，同时原本位于播放指示器后方的"风景1.jpg"素材被替换（即被覆盖）成了"风景3.jpg"，如图4-58所示。

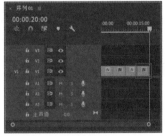

图4-57　　　　　　　　　　　　　　　　　图4-58

08 在"节目"监视器面板中可以预览调整后的影片效果，如图4-59所示。

图4-59

图4-59（续）

4.3.8 提升和提取编辑

通过执行序列"提升"或"提取"命令，可以使序列标记从"时间轴"中轻松移除素材片段。

在执行"提升"编辑操作时，会从时间轴面板中提升出一个片段，然后在已删除素材的地方留下一段空白区域；在执行"提取"编辑操作时，会移除素材的一部分，然后素材后面的帧会前移，补上删除部分的空缺，因此不会有空白区域。

在序列中插入一段持续时间为15秒的素材，如图4-60所示，然后将播放指示器移动到00:00:03:00位置，按快捷键I标记入点，如图4-61所示。

图4-60

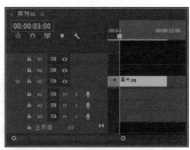

图4-61

将播放指示器移动到00:00:10:00位置，按快捷键O标记出点，如图4-62所示。

标记好片段的入出点后，执行"序列"|"提升"命令，或者在"节目"监视器窗口中单击"提升"按钮，即可完成"提升"编辑操作，如图4-63所示，此时在视频轨道中将留下一段空白区域。

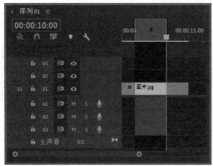

图4-62

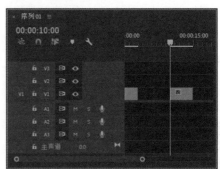

图4-63

执行"编辑"|"撤销"命令，撤销上一步操作，使素材回到未执行"提升"命令前的状态。接着，执行"序列"|"提取"命令，或者在"节目"监视器窗口中单击"提取"按钮，即可完成"提取"编辑操作，如图4-64所示，此时从入点到出点之间的素材都已被移除，并且出点之后的素材向前移动，在视频轨道中没有留下空白区域。

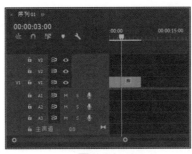

图4-64

4.3.9　分离和链接素材

在Premiere Pro中处理带有音频的视频素材时，有时需要将捆绑在一起的视频和音频分开成独立的个体，分别进行处理，这就需要用到分离操作。而对于某些单独的视频和音频需要同时进行编辑处理时，就需要将它们链接起来，便于一次性操作。

要将链接的视音频分离，如图4-65所示，可选择序列中的素材片段，执行"剪辑"|"取消链接"命令，或按快捷键Ctrl+L，即可分离视频和音频，此时视频素材的命名后少了"[V]"字符，如图4-66所示。

图4-65　　　　　　　　　　图4-66

若要将视频和音频重新链接起来，只需同时选择要链接的视频和音频素材，执行"剪辑"|"链接"命令，或按快捷键Ctrl+L，即可链接视频和音频素材，此时视频素材的名称后方重新出现"[V]"字符，如图4-67所示。

图4-67

4.4 综合实战——创建影片新元素

在文件菜单的"新建"子菜单中，通过执行彩条、黑场、字幕、颜色遮罩、HD彩条等命令，能快速创建新的实用素材。

本实战将通过命令快速创建一个通用倒计时片头。通用倒计时片头是一段倒计时视频素材，常被用于影片的开头。在Premiere Pro 2020中，通过"新建"子菜单中的快捷命令，可以帮助用户快速创建该元素，并可以调整其中的参数，使其更适合影片。

01 启动Premiere Pro 2020软件，按快捷键Ctrl+O，打开路径文件夹中的"倒计时片头.prproj"项目文件。

02 进入工作界面后，执行"文件"|"新建"|"通用倒计时片头"命令，如图4-68所示。

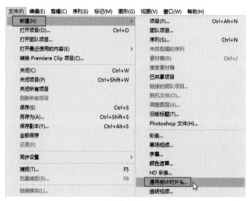

图4-68

03 弹出"新建通用倒计时片头"对话框，如图4-69所示，保持默认设置，单击"确定"按钮。

04 弹出"通用倒计时设置"对话框，单击"数字颜色"后的色块，如图4-70所示。

图4-69

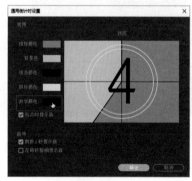

图4-70

05 弹出"拾色器"对话框，在该对话框中可根据喜好设置数字的颜色，这里将颜色设置为黄色（#ffd369），如图4-71所示。

06 单击"确定"按钮，即可完成数字颜色的设置，效果如图4-72所示，单击"确定"按钮关闭对话框。

> **提示** 在"通用倒计时设置"对话框中，用户还可以根据制作需求修改倒计时片头的擦除颜色、背景颜色、线条颜色和目标颜色，并且可以更改音频的相关设置。

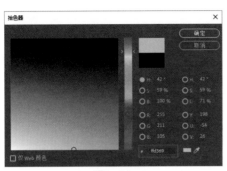

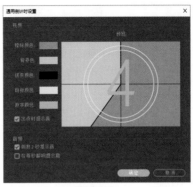

图4-71   图4-72

07 上述操作完成后，将在"项目"面板中生成一个"通用倒计时片头"素材，如图4-73所示。

08 将"通用倒计时片头"素材拖入序列，并调整其摆放顺序，如图4-74所示。

图4-73   图4-74

09 在"节目"监视器面板中可以预览最终画面效果，如图4-75所示。

图4-75

4.5 本章小结

　　本章主要为各位读者介绍了关于素材剪辑的一些基础理论及操作，剪辑基础理论包括了蒙太奇概念、镜头衔接的技巧与原则，以及剪辑的基本流程。剪辑工作并不是单纯地将所有的素材拼凑在一起，好的影片往往需要具备大量的理论基础，来营造画面感和故事逻辑，希望通过这些理论基础，可以帮助大家更全面地了解剪辑工作。此外，本章还为大家介绍了Premiere Pro 2020中的剪辑工具和各类剪辑操作，在编辑影片过程中，灵活地运用软件提供的各项剪辑命令或快捷工具，可以大大节省操作时间，有效提升剪辑工作的效率。

视频过渡效果，又称为视频转场、视频切换、镜头切换，它可以作为两个素材之间的处理效果，也可以用作某个独立素材的首尾过渡。在相邻场景（即相邻素材）之间，采用一定的技巧，例如划像、叠变、卷页等，来实现场景或情节之间的平缓过渡，达到丰富画面、吸引观众的效果，这样的技巧就是视频过渡效果。

本章就为各位读者讲解Premiere Pro中转场效果的使用方法和实际应用。

本章重点

⊙ 添加视频过渡效果　　　　　　　　　⊙ 调整过滤效果的参数

⊙ 视频过渡效果的类型

本章效果欣赏

5.1　认识视频过渡效果

视频过渡效果在影片的制作过程中具有至关重要的作用，它可以将两段素材更好地融合在一起，实现两个场景的平滑过渡。

5.1.1　视频过渡效果概述

视频过渡效果主要用在两个素材之间，在播放时可产生相对平缓或连贯的视觉效果，从而达到增强画面氛围感，吸引观者眼球的目的，如图5-1所示。

在Premiere Pro 2020中，视频过渡效果的操作基本在"效果"面板与"效果控件"面板中完成，如图5-2和图5-3所示。其中，在"效果"面板的"视频过渡"下拉列表中，包含了8组视频过渡效果。

图5-1

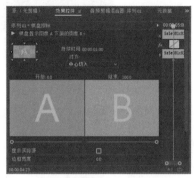

图5-2　　　　　　　　　　　　　图5-3

5.1.2　实战——添加视频过渡效果

视频过渡效果在影视编辑工作中的应用十分频繁，通过为作品添加视频过渡效果，可以令原本普通的画面增色不少。下面就为大家具体讲解添加视频过渡效果的操作方法。

01 启动Premiere Pro 2020软件，按快捷键Ctrl+O，打开路径文件夹中的"过渡效果.prproj"项目文件。进入工作界面后，可以看到时间轴面板中已经添加并排列好的两段素材，如图5-4所示。

图5-4

02 在"效果"面板中展开"视频过渡"下拉列表，选择"内滑"效果组中的"拆分"选项，将其拖曳添加至时间轴面板中的两段素材中间，如图5-5所示。

图5-5

03 除上述方法以外，还可以选择在"效果"面板中的效果搜索栏中输入效果名称，来快速找到所需效果，如图5-6所示。

图5-6

04 完成视频过渡效果的添加后，在"节目"监视器面板中可预览最终效果，如图5-7所示。

图5-7

5.1.3　调整过渡效果的参数

在应用视频过渡效果之后，还可以对过渡效果进行编辑，使其更适应影片需求。视频过渡效果的参数调整可以在时间轴面板中完成，也可以在"效果控件"面板中进行调整，这么做的前提是必须在时间轴面板中选中转场效果，然后才可以对其进行编辑。

在"效果控件"面板中，用户可以调整过渡效果的作用区域，在"对齐"下拉列表中提供了4种对齐方式，如图5-8所示，用户可以通过设置不同的对齐方式来控制过渡效果。此外，用户还可以选择在该面板中调整过渡效果的持续时间、对齐方式、开始和结束的数值、边框宽度、边框颜色、消除锯齿品质等参数。

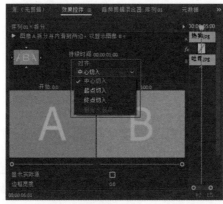

图5-8

"对齐"下拉列表中各对齐方式说明如下。

➢ **中心切入**：过渡效果添加在相邻素材的中间位置。
➢ **起点切入**：过渡效果添加在第二个素材的开始位置。

> ➤ 终点切入：过渡效果添加在第一个素材的结束位置。
> ➤ 自定义起点：通过鼠标拖动过渡效果，自定义转场的起始位置。

5.1.4 实战——调整过渡效果的持续时间

在为素材添加了视频过渡效果后，用户可以进入"效果控件"面板对效果的持续时间进行调整，来制作出符合作品要求的过渡效果。

01 启动Premiere Pro 2020软件，按快捷键Ctrl+O，打开路径文件夹中的"时长调整.prproj"项目文件。进入工作界面后，可以看到时间轴面板中已经添加并排列好的两段素材，素材中间已经添加了"棋盘"视频过渡效果，如图5-9所示。

图5-9

02 在时间轴面板中单击选中素材中间的"棋盘"效果，打开"效果控件"面板，如图5-10所示。

03 单击"持续时间"选项后的数字（此时代表过渡效果的持续时间为1秒），进入编辑状态，然后输入00:00:03:00，将过渡效果的持续时间调整为3秒，按Enter键可结束编辑，如图5-11所示。

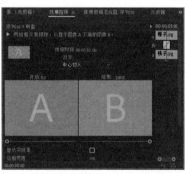
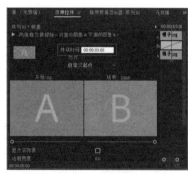

图5-10   图5-11

04 完成上述操作后，在"节目"监视器面板中可预览最终效果，如图5-12所示。

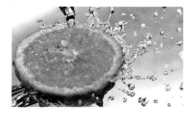

图5-12

> **提示** 除上述方法外，用户还可以选择在时间轴面板中，右击视频过渡效果，在弹出的快捷菜单中选择"设置过渡持续时间"选项，如图5-13所示；或者双击过渡效果，在弹出的对话框中同样可以调整效果的持续时间。

图5-13

5.2 视频过渡效果的类型

Premiere Pro 2020为用户提供了多种典型且实用的视频过渡效果特效，并对这些视频过渡效果进行了分组，分组包括"3D运动""内滑""划像"和"溶解"等，下面为大家进行具体介绍。

5.2.1 3D运动类过渡效果

"3D运动"特效组的效果主要是为了体现场景的层次感，可为画面营造从二维空间到三维空间的视觉效果，该组包含了两种三维运动的视频过渡效果。

1. 立方体旋转

"立方体旋转"效果是将两个场景作为立方体的两面，以旋转的方式来实现前后场景的切换。应用效果如图5-14所示。

图5-14

> **提示** "立方体旋转"效果可以切换成从左至右、从上至下、从右至左或从下至上这几个不同的过渡方式。

2. 翻转

"翻转"效果是将两个场景模拟成一张纸的两个面，然后通过翻转纸张的方式来实现两个场景的转换。通过单击"效果控制"面板中的"自定义"按钮，可以设置不同的带和填充颜色。应用效果如图5-15所示。

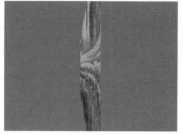

图5-15

5.2.2 内滑类过渡效果

"内滑"特效组包含了5种视频过渡效果，该组中的效果主要是以滑动的形式来实现场景的切换。

1. 中心拆分

"中心拆分"效果是将第一个场景分成四块，然后第一个场景沿画面的四角方向逐渐滑动消失，并显示出第二个场景。应用效果如图5-16所示。

图5-16

2. 内滑

"内滑"效果是使第二个场景从一侧滑入画面，然后逐渐覆盖第一个场景。应用效果如图5-17所示。

图5-17

3. 带状内滑

"带状内滑"效果是使第二个场景以条状形式从两侧滑入画面，直到覆盖第一个场景。应用效果如图5-18所示。

4. 拆分

"拆分"转场特效是将第一个场景分成两块，分别从两侧滑出，从而显示出第二个场景。应用效果如图5-19所示。

图5-18

图5-19

5. 推

"推"效果是使第二个场景从画面的一侧出现，并将第一个场景推出画面。"推"效果与上述的"内滑"效果有些类似，不同的是"内滑"效果运动的过程更加顺滑。应用效果如图5-20所示。

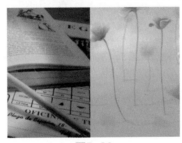

图5-20

5.2.3 划像类过渡效果

"划像"特效组包含了4种视频过渡效果，可将一个场景进行伸展，并逐渐切换到另一个场景。

1. 交叉划像

"交叉划像"效果是使第二个场景呈十字形在画面中心出现，然后由小变大，逐渐遮盖住第一个场景。应用效果如图5-21所示。

图5-21

2. 圆划像

"圆划像"效果是使第二个场景在画面中心呈圆形出现,然后由小变大,逐渐遮盖住第一个场景。应用效果如图5-22所示。

图5-22

3. 盒形划像

"盒形划像"效果是使第二个场景在画面中心呈矩形出现,然后由小变大,逐渐遮盖住第一个场景。应用效果如图5-23所示。

图5-23

4. 菱形划像

"菱形划像"效果是使第二个场景在画面中心呈菱形出现,然后由小变大,逐渐遮盖住第一个场景。应用效果如图5-24所示。

图5-24

5.2.4 擦除类过渡效果

"擦除"特效组包含了17种视频过渡效果,该类型效果主要是通过两个场景的相互擦除来实现场景的转换。

1. 划出

"划出"效果是使第二个场景从屏幕一侧逐渐展开,然后逐渐遮盖住第二个场景。应用效果如图5-25所示。

图5-25

2. 双侧平推门

"双侧平推门"效果是使第一个场景像两扇门一样被拉开，然后逐渐显示出第二个场景。应用效果如图5-26所示。

图5-26

3. 带状擦除

"带状擦除"效果是使第二个场景在水平方向上，以条状进入画面，并逐渐覆盖第一个场景。应用效果如图5-27所示。

图5-27

4. 径向擦除

"径向擦除"效果是使第二个场景从第一个场景的一角扫入画面，并逐渐覆盖第一个场景。应用效果如图5-28所示。

图5-28

5. 插入

"插入"效果是使第二个场景以矩形的形式，从第一个场景的一角斜插进入画面，并逐渐覆盖第一个场景。应用效果如图5-29所示。

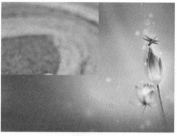

图5-29

6. 时钟式擦除

"时钟式擦除"效果是将第二个场景以时钟旋转的方式逐渐覆盖第一个场景。应用效果如图5-30所示。

图5-30

7. 棋盘

"棋盘"效果是使第二个场景分成若干个小方块，并以棋盘的方式出现，然后逐渐布满整个画面，并遮盖住第一个场景。应用效果如图5-31所示。

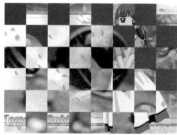

图5-31

8. 棋盘擦除

"棋盘擦除"效果是使第二个场景以方格的形式，逐渐擦除第一个场景。应用效果如图5-32所示。

图5-32

9. 楔形擦除

"楔形擦除"效果是使第二个场景在屏幕中心,以扇形展开的方式逐渐覆盖第一个场景。应用效果如图5-33所示。

图5-33

10. 水波块

"水波块"效果是使第二个场景以块状形式,从屏幕一角呈Z字形逐行扫入画面,并逐渐覆盖第一个场景。应用效果如图5-34所示。

图5-34

11. 油漆飞溅

"油漆飞溅"效果是使第二个场景呈墨点的形状飞溅到画面,并覆盖第一个场景。应用效果如图5-35所示。

图5-35

12. 渐变擦除

"渐变擦除"效果是用一张灰度图像制作渐变转换。在渐变转换中,第二个场景充满灰度图像的黑色区域,然后通过每一个灰度级开始显现并进行转换,直到白色区域完全透明。应用效果如图5-36所示。

图5-36

提示 在应用"渐变擦除"效果时，可以自行设置过渡图片，来控制画面的过渡效果。

13. 百叶窗

"百叶窗"效果是使第二个场景以百叶窗的形式逐渐显示，并覆盖第一个场景。应用效果如图5-37所示。

图5-37

14. 螺旋框

"螺旋框"效果是使第二个场景以螺旋块状形式旋转显示，并逐渐覆盖第一个场景。应用效果如图5-38所示。

图5-38

15. 随机块

"随机块"效果是使第二个场景以块状形式随机出现在画面中，并逐渐覆盖第一个场景。应用效果如图5-39所示。

图5-39

16. 随机擦除

"随机擦除"效果是使第二个场景以小方块的形式，从第一个场景的一边随机扫走第一个场景。应用效果如图5-40所示。

17. 风车

"风车"效果是使第二个场景以风车的形式逐渐旋转显示，并覆盖第一个场景。应用效果如图5-41所示。

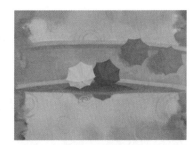

图5-40

图5-41

5.2.5 沉浸式视频类过渡效果

"沉浸式视频"过渡效果需要用户通过头显设备来体验视频编辑内容，大家可以自行尝试使用。该特效组中包含了8种VR过渡效果，如图5-42所示。

图5-42

5.2.6 溶解类视频过渡效果

"溶解"类视频过渡效果是视频编辑时常用的一类过渡效果，可以较好地表现事物之间的缓慢过渡及变化。在"溶解"特效组中包含了7种视频过渡效果。

1. MorphCut

MorphCut效果在处理譬如单个拍摄对象的"头部特写"采访视频、固定拍摄（极少量的摄像机移动的情况）和静态背景（包括避免细微的光照变化）等这些特征的素材时效果极佳。该效果的具体应用方法如下。

➢ 在时间轴面板中设置素材的入点和出点，来选择要删除的剪辑部分。

➢ 在"效果"面板中找到MorphCut效果，并将该效果拖至时间轴面板中剪辑之间的编辑点上。

➢ 应用 MorphCut效果后，剪辑分析立即在后台开始，同时，"在后台进行分析"的横幅会显示在节目监视器中，表明正在执行分析，如图5-43所示。

图5-43

完成分析后，将以编辑点为中心创建一个对称过渡。过渡持续时间符合为"视频过渡默认持续时间"指定的默认30帧。使用"首选项"对话框可以更改默认持续时间。

> **提示** 每次对所选MorphCut进行更改甚至撤销更改操作时，Premiere Pro都会重新触发新的分析，但是用户不需要删除之前分析过的任何数据。

2. 交叉溶解

"交叉溶解"效果在第一个场景淡化消失的同时，会使第二个场景逐渐淡化出现。应用效果如图5-44所示。

图5-44

3. 叠加溶解

"叠加溶解"效果是将第一个场景作为文理贴图映像给第二个场景，以实现高亮度叠化的转换效果。应用效果如图5-45所示。

图5-45

4. 白场过渡

"白场过渡"效果会使第一个场景逐渐淡化到白色场景，然后从白色场景淡化到第二个场景。应用效果如图5-46所示。

图5-46

5. 胶片溶解

"胶片溶解"效果是使第一个场景产生胶片朦胧的效果，同时逐渐转换至第二个场景。应用效果如图5-47所示。

图5-47

6. 非叠加溶解

"非叠加溶解"效果是将第二个场景中亮度较高的部分直接叠加到第一个场景中，从而逐渐显示出第二个场景。应用效果如图5-48所示。

图5-48

7. 黑场过渡

"黑场过渡"效果是使第一个场景逐渐淡化到黑色场景，然后从黑色场景淡化到第二个场景。应用效果如图5-49所示。

图5-49

5.2.7 缩放类视频过渡效果

"缩放"特效组中只有1个视频过渡效果,即"交叉缩放"效果,该效果会先将第一个场景放至最大,切换到第二个场景的最大化,然后第二个场景缩放到合适大小。应用效果如图5-50所示。

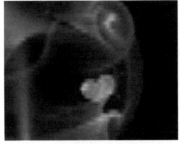

图5-50

5.2.8 页面剥落视频过渡效果

"页面剥落"特效组中的视频过渡效果会模仿翻开书页的形式,来实现场景画面的切换。"页面剥落"特效组中包含了两种视频过渡效果。

1. 翻页

"翻页"效果会将第一个场景从一角卷起(卷起后的背面会显示出第一个场景),然后逐渐显现第二个场景。应用效果如图5-51所示。

图5-51

2. 页面剥落

"页面剥落"效果会将第一个场景像翻页一样从一角卷起,然后显示出第二个场景。应用效果如图5-52所示。

图5-52

5.2.9　实战——添加风景视频过渡效果

下面以实例的形式，为大家讲解如何在Premiere Pro中为素材添加合适的视频过渡效果，以制作出完整的影片效果。

01 启动Premiere Pro 2020软件，按快捷键Ctrl+O，打开路径文件夹中的"风景.prproj"项目文件。进入工作界面后，在时间轴面板中选中"1.jpg""2.jpg"和"3.jpg"素材，右击，在弹出的快捷菜单中选择"速度/持续时间"选项，如图5-53所示。

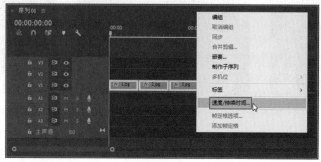

图5-53

02 弹出"剪辑速度/持续时间"对话框，调整"持续时间"为00:00:03:00（之前默认的持续时间为5秒），并勾选"波纹编辑，移动尾部剪辑"复选框，如图5-54所示。单击"确定"按钮，时间轴面板中的素材将统一缩短，如图5-55所示。

图5-54

图5-55

03 在"效果"面板中展开"视频过渡"选项栏，选择"溶解"效果组中的"白场过渡"选项，将其拖曳添加至时间轴面板中"1.jpg"素材的起始位置，如图5-56所示。

图5-56

04 在"效果"面板中选择"页面剥落"效果组中的"翻页"选项，将其拖曳添加至时间轴面板中"1.jpg"和"2.jpg"素材的中间，如图5-57所示。

图5-57

05 在"效果"面板中选择"擦除"效果组中的"风车"选项,将其拖曳添加至时间轴面板中"2.jpg"和"3.jpg"素材的中间,如图5-58所示。

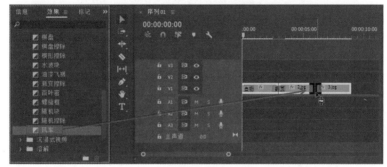

图5-58

06 在"效果"面板中选择"溶解"效果组中的"黑场过渡"选项,将其拖曳添加至时间轴面板中"3.jpg"素材的结尾处,如图5-59所示。

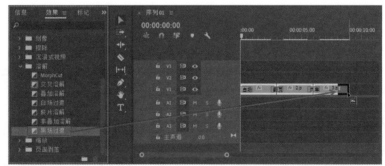

图5-59

07 完成效果的添加后,在"节目"监视器面板中预览最终效果,如图5-60所示。

图5-60

5.3 综合实战——清新唯美电子相册

电子相册相比传统相册来说，更加生动、有趣。它通过将静止的照片进行组合，并添加动态效果及背景音乐，使普通的图像变为影片，进而为观者带来极佳的视听体验。

01 启动Premiere Pro 2020软件，按快捷键Ctrl+O，打开路径文件夹中的"相册.prproj"项目文件。进入工作界面后，在"项目"面板中选择"粒子背景.wmv"素材，将其拖入时间轴面板的V1视频轨道，如图5-61所示。

图5-61

提示 　　在将素材拖入时间轴面板时，若弹出"剪辑不匹配警告"对话框，请单击"保持现有设置"按钮。

02 右击时间轴面板中的"粒子背景.wmv"素材，在弹出的快捷菜单中选择"取消链接"选项，如图5-62所示。

03 完成上述操作后，将A1轨道的音频素材删除，仅保留V1视频轨道的素材，如图5-63所示。

图5-62

图5-63

04 在"项目"面板中选择"花纹.PNG"素材，将其拖入时间轴面板的V2视频轨道，并延长其尾端，与下方的"粒子背景.wmv"素材对齐，如图5-64所示。

05 选择时间轴面板中的"花纹.PNG"素材，在"效果控件"面板中调整"缩放"参数为238，如图5-65所示。

06 上述操作完成后，在"节目"监视器窗口可预览当前图像效果，如图5-66所示。

07 执行"文件"|"新建"|"旧版标题"命令，弹出"新建字幕"对话框，如图5-67所示，保持默认设置，单击"确定"按钮。

图5-64

图5-65

图5-66

图5-67

08 弹出"字幕"面板，使用"文字工具" 🅣 在工作区域内输入文字"浪漫时刻"，然后在底部的"旧版标题样式"面板中选择一款紫色渐变文字样式，并在右侧的"旧版标题属性"面板中设置合适的字体，然后将文字对象摆放在合适位置，如图5-68所示。

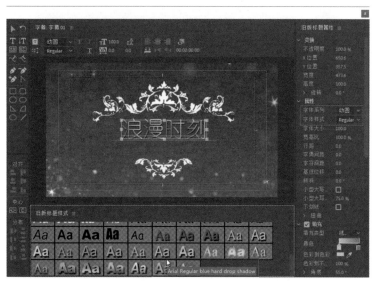

图5-68

09 关闭"字幕"面板，回到Premiere Pro工作界面。将"项目"面板中的"字幕01"素材拖入时间轴面板中的V3视频轨道上，并调整素材使其与下方素材首尾对齐，如图5-69所示。

10 预览发现视频播放时间稍长，在时间轴面板中同时选中3个视频轨道上的素材，右击，在弹出的快捷菜单中选择"速度/持续时间"选项，在弹出的"剪辑速度/持续时间"对话框中调整"持续时间"为00:00:03:00，如图5-70所示，完成后单击"确定"按钮。

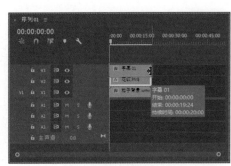

图5-69　　　　　　　　　　　　　　　　　　图5-70

11 在"效果"面板中展开"视频过渡"选项栏，选择"溶解"效果组中的"胶片溶解"选项，将其拖曳添加至时间轴面板中"字幕01"和"花纹.PNG"素材的起始位置，如图5-71所示。

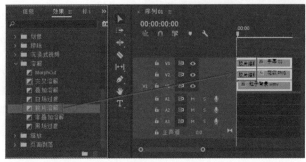

图5-71

12 将"项目"面板中的"1.jpg"～"5.jpg"素材按顺序拖入时间轴面板的V1视频轨道中，并统一调整素材的"持续时间"为2秒，素材分布效果如图5-72所示。

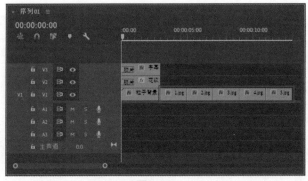

图5-72

13 依次选中"1.jpg"～"5.jpg"素材，在"效果控件"面板中调整对象的"缩放"参数，使图像以合适大小显示在画面之中。

14 在"效果"面板中找到"圆划像"效果，添加到"粒子背景.wmv"素材与"1.jpg"素材之间；找到"双侧平推门"效果，添加到"1.jpg"素材和"2.jpg"素材之间；找到"风车"效果，添加到"2.jpg"素材和"3.jpg"素材之间；找到"带状内滑"效果，添加到"3.jpg"素材和"4.jpg"素材之间；找到"叠加溶解"效果，添加到"4.jpg"素材和"5.jpg"素材之间，如图5-73所示。

15 完成效果的添加后，将"项目"面板中的"音乐.mp3"素材添加到时间轴面板的A1轨道上，并将多余的部分进行拆分删除，得到效果如图5-74所示。

16 至此，电子相册就已制作完毕，在"节目"监视器面板中可预览最终效果，如图5-75所示。

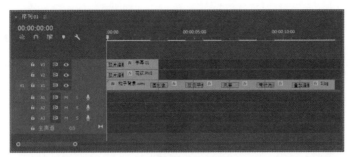

图5-73

图5-74

图5-75

5.4 本章小结

　　本章主要介绍了视频过渡效果的添加与应用，并为大家说明和展示了各个视频过渡特效的特点与应用效果。本章还通过多个实例，帮助读者熟练掌握视频过渡效果的使用方法，通过这些特效，可以有效地节省用户制作镜头过渡效果的时间，提高用户的工作效率。灵活运用Premiere Pro内置的各种视频过渡效果，可以使影片衔接更加自然、有趣，在一定程度上增强影视作品的艺术感染力。

在Premiere Pro 2020中，通过为素材的运动参数添加关键帧，可产生基本的位置、缩放、旋转和不透明度等动画效果，还可以为已经添加至素材的视频效果属性添加关键帧，来营造丰富的视觉效果。

本章重点

⊙ 关键帧设置原则　　　　　　　⊙ 创建关键帧
⊙ 移动关键帧　　　　　　　　　⊙ 关键帧的复制

本章效果欣赏

6.1　初识关键帧

关键帧动画主要是通过为素材的不同时刻设置不同的属性，使时间推进的这个过程产生变换效果。

6.1.1　什么是关键帧

影片是由一张张连续的图像组成，每一张图像代表一帧。帧是动画中最小单位的单幅影像画面，相当于电影胶片上的每一格镜头，在动画软件的时间轴上，帧表现为一格或一个标记。在影片编辑处理中，PAL制式每秒为25帧，NTSC制式每秒为30帧，而"关键帧"是指动画上关键的时刻，任何动画要表现运动或变化，至少前后要给出两个不同状态的关键帧，而中间状态的变化和衔接，由计算机自动创建完成，称为过渡帧或中间帧。

在Premiere Pro中，用户可以通过设置动作、效果、音频及多种其他属性参数，来制作出连贯的动画效果，图6-1所示为在Premiere Pro中设置缩放动画后的图像效果。

图6-1

6.1.2 关键帧设置原则

在Premiere Pro中设置关键帧时，遵循以下几个原则可以有效地提高工作效率。

➤ 使用关键帧创建动画时，可在时间轴面板或"效果控件"面板中查看并编辑关键帧。在时间轴面板中编辑关键帧，适用于只具有一维数值参数的属性，如素材的不透明度和音频音量等；而"效果控件"面板则更适合二维或多维数值的设置，如位置、缩放或旋转等。

➤ 在时间轴面板中，关键帧数值的变换会以图像的形式进行展现，因此可以更加直观地分析数值随时间变化的趋势。在"效果控件"面板中也可以以图像化显示关键帧，一旦某个属性的关键帧功能被激活，便可以显示其数值及其速率图。

➤ 在"效果控件"面板中可以一次性显示多个属性的关键帧，但只能显示所选的素材片段；而时间轴面板则可以一次性显示多个轨道、多个素材的关键帧，但每个轨道或素材仅显示一种属性。

➤ 音频轨道效果的关键帧可以在时间轴面板或"音频剪辑混合器"面板中进行调节。

6.1.3 默认效果控件

效果的控制都需要在"效果控件"面板中进行调整，在"效果控件"面板中默认的控件有3个，分别是"运动""不透明度"和"时间重映射"。

1. "运动"效果控件

在Premiere Pro中，"运动"效果控件包括了位置、缩放、缩放宽度、旋转、锚点及防闪烁滤镜等调控参数，如图6-2所示。

图6-2

参数介绍如下。

➤ 位置：通过设置该参数，可以使素材图像在"节目"监视器面板中移动，参数后的两个值分别表示帧的中心点在画面上的X和Y坐标值，如果两个值均为0，则表示帧图像的中心点在画面左上角的原点处。

➤ 缩放："缩放"数值为100时，代表图像为原大小。参数下方的"等比缩放"复选框，默认为勾选状态，若取消勾选，则可分别对素材进行水平拉伸和垂直拉伸。在视频编辑中，设置的缩放动画效果可以作为视频的开场，或实现素材中局部内容的特写，这是视频编辑中常用的运动效果之一。

> 缩放宽度：通过调整该参数，可以对图像进行水平拉伸。
> 旋转：在设置"旋转"参数的时候，将素材的锚点设置在不同的位置，其旋转的轴心也不同。对象在旋转时将以其锚点作为旋转中心，用户可以根据需要对锚点位置进行调整。
> 锚点：即素材的轴心点，素材的位置、旋转和缩放都是基于锚点来进行操作的。通过调整参数右侧的坐标数值，可以改变锚点的位置。此外，在"效果控件"面板中选中"运动"栏，即可在"节目"监视器窗口中看到锚点，如图6-3所示，并可以直接拖动改变锚点的位置。锚点是以帧图像左上角为原点得到的坐标值，所以在改变位置的值时，锚点坐标是相对不变的。

图6-3

> 防闪烁滤镜：对处理的素材进行颜色提取，减少或避免素材中画面闪烁的现象。

2. 不透明度控件

"不透明度"效果控件包括了不透明度和混合模式这两个设置，如图6-4所示。

图6-4

参数介绍如下。

> 不透明度：该参数可用来设置剪辑画面的显示，数值越小，画面就越透明。通过设置不透明度关键帧，可以实现剪辑在序列中显示或消失、渐隐或渐现等动画效果，常用于创建淡入淡出效果，使画面过渡自然。
> 混合模式：用于设置当前剪辑与其他剪辑混合的方式，与Photoshop中的图层混合模式相似，混合模式分为普通模式组、变暗模式组、变亮模式组、对比模式组、比较模式组和颜色模式组这6个组，27个模式。

6.2　创建关键帧

本节将为大家介绍Premiere Pro中创建关键帧的几种操作方法。

6.2.1　单击"切换动画"按钮添加关键帧

在"效果控件"面板中，每个属性前都有一个"切换动画"按钮，如图6-5所示，单击该按钮可激活关键帧，此时按钮会由灰色变为蓝色；再次单击该按钮，则会关闭该属性的关键帧，此时按钮变为灰色。

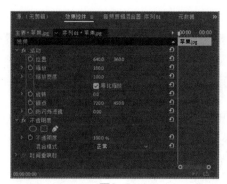

图6-5

6.2.2 实战——为图像设置缩放动画

在将素材添加到时间轴面板中后,选择需要设置关键帧动画的素材,然后在"效果控件"面板中通过调整播放指示器的位置,确定需要插入关键帧的时间点,并通过更改所选属性的参数来生成关键帧动画。

01 启动Premiere Pro 2020软件,按快捷键Ctrl+O,打开路径文件夹中的"缩放动画.prproj"项目文件。进入工作界面后,可以看到时间轴面板中已经添加好的素材,如图6-6所示。

02 在时间轴面板中选择"苹果.jpg"素材,进入"效果控件"面板,单击"缩放"属性前的"切换动画"按钮⚙,在当前时间点创建第一个关键帧,如图6-7所示。

图6-6

图6-7

03 调整播放指示器位置,将当前时间设置为00:00:02:00,然后修改"缩放"数值为115,此时会自动创建出第2个关键帧,如图6-8所示。

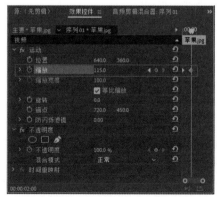

图6-8

04 完成上述操作后，在"节目"监视器面板中可预览缩放动画效果，如图6-9所示。

图6-9

提示 需要注意的是，在创建关键帧时，需要在同一个属性中至少添加两个关键帧才能产生动画效果。

6.2.3 使用"添加/移除关键帧"按钮添加关键帧

在"效果控件"面板中，使用"切换动画"按钮 为某一属性添加关键帧后（激活关键帧），属性右侧将出现"添加/移除关键帧"按钮 ，如图6-10所示。

图6-10

当播放指示器处于关键帧位置时，"添加/移除关键帧"按钮为蓝色状态 ，此时单击该按钮可以移除该位置的关键帧；当播放指示器所处位置没有关键帧时，"添加/移除关键帧"按钮为灰色状态 ，此时单击该按钮可在当前时间点添加一个关键帧。

6.2.4 实战——在"节目"监视器面板中添加关键帧

在选中素材后，并在"效果控件"面板中激活关键帧属性后，用户便可以选择在"节目"监视器面板中调素材，来创建之后的关键帧。下面为大家介绍在"节目"监视器面板中添加关键帧的操作方法。

01 启动Premiere Pro 2020软件，按快捷键Ctrl+O，打开路径文件夹中的"甜点.prproj"项目文件。进入工作界面后，可以看到时间轴面板中已经添加好的素材，如图6-11所示。

02 在时间轴面板中选择"杯子蛋糕.jpg"素材，进入"效果控件"面板，在当前时间点（00:00:00:00）位置单击"缩放"属性前的"切换动画"按钮 ，在当前时间点创建第一个关键帧，如图6-12所示，当前图像效果如图6-13所示。

图6-11

图6-12

图6-13

03 调整播放指示器位置，将当前时间设置为00:00:02:00，然后在"节目"监视器面板中双击"杯子蛋糕.jpg"素材，此时素材周围出现控制点，如图6-14所示。

04 将光标放置在控制点上方，按住鼠标左键缩放素材，将图像进行放大，如图6-15所示。

图6-14

图6-15

05 此时在"效果控件"面板中，当前所处的00:00:02:00位置会自动创建一个关键帧，如图6-16所示。

图6-16

06 完成上述操作后，在"节目"监视器面板中可预览最终的动画效果，如图6-17所示。

图6-17

6.2.5 实战——在时间轴面板中添加关键帧

在时间轴面板中添加关键帧，有助于用户更加直观地分析和调整变换参数。下面为大家讲解在时间轴面板中添加关键帧的操作方法。

01 启动Premiere Pro 2020软件，按快捷键Ctrl+O，打开路径文件夹中的"小狗.prproj"项目文件。进入工作界面后，可以看到时间轴面板中已经添加好的素材，如图6-18所示。

02 在时间轴面板中双击V2轨道上"小狗.png"素材前的空白位置，将素材展开，如图6-19所示。

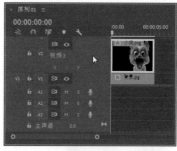

图6-18   图6-19

03 右击V2轨道上的"小狗.png"素材，在弹出的快捷菜单中选择"显示剪辑关键帧"|"不透明度"|"不透明度"选项，如图6-20所示。

图6-20

04 将时间线移动到起始帧的位置，单击V2轨道前的"添加/移除关键帧"按钮，此时在素材上方添加了一个关键帧，如图6-21所示。

05 将时间线移动到00:00:02:00位置，继续单击V2轨道前的"添加/移除关键帧"按钮，为素材添加第2个关键帧，如图6-22所示。

06 选择素材上方的第一个关键帧，将该关键帧向下拖动（向下表示不透明度数值减小），如图6-23所示。

图6-21

图6-22

图6-23

07 完成上述操作后，在"节目"监视器面板中可预览最终的动画效果，如图6-24所示。

图6-24

6.3　移动关键帧

移动关键帧所在的位置可以控制动画的节奏，比如两个关键帧隔得越远，最终动画所呈现的节奏就越慢；两个关键帧隔得越近，最终动画所呈现的节奏就越快。

6.3.1　移动单个关键帧

在"效果控件"面板中展开已经制作完成的关键帧效果，单击工具箱中的"移动工具"按钮 ▶，将光标放在需要移动的关键帧上方，按住鼠标左键左右移动，当移动到合适的位置时，释放鼠标左键，即可完成移动操作，如图6-25所示。

图6-25

6.3.2　移动多个关键帧

单击工具箱中的"移动工具"按钮 ▶，按住鼠标左键将需要移动的关键帧进行框选，接着将选中的关键帧向左或向右进行拖曳，即可完成多个关键帧的移动操作，如图6-26所示。

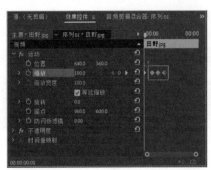

图6-26

当想要同时移动的关键帧不相邻时，单击工具箱中的"移动工具"按钮▶，按住Ctrl键或Shift键的同时，选中需要移动的关键帧进行拖曳即可，如图6-27所示。

图6-27

提示 关键帧按钮为蓝色时，代表关键帧为选中状态。

6.4 删除关键帧

在实际操作中，有时会在素材文件中添加多余的关键帧，这些关键帧既无实质性用途，又会使动画变得复杂，此时需要将多余的关键帧进行删除处理。本节就为大家介绍删除关键帧的几种常用方法。

6.4.1 使用快捷键快速删除关键帧

单击工具箱中的"移动工具"按钮▶，然后在"效果控件"面板中选择需要删除的关键帧，按Delete键即可完成删除操作，如图6-28所示。

图6-28

6.4.2 使用"添加/移除关键帧"按钮删除关键帧

在"效果控件"面板中，将时间线滑动到需要删除的关键帧上，此时单击已启用的"添加/移除关键帧"按钮 ◀ ◇ ▶ ，即可删除关键帧，如图6-29所示。

图6-29

6.4.3 在快捷菜单中清除关键帧

单击工具箱中的"移动工具"按钮 ▶ ，右击选择需要删除的关键帧，在弹出的快捷菜单中选择"清除"选项，即可删除所选关键帧，如图6-30所示。

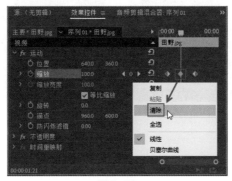

图6-30

6.5 复制关键帧

在制作影片或动画时，经常会遇到不同素材使用同一动画效果的情况，这就需要设置相同的关键帧。在Premiere Pro中，选中制作完成的关键帧动画，通过复制、粘贴命令，可以以更快捷的方式完成其他素材的动画制作。下面就为大家介绍几种复制关键帧的操作方法。

6.5.1 使用Alt键复制

单击工具箱中的"移动工具"按钮 ▶ ，在"效果控件"面板中选择需要复制的关键帧，然后按住Alt键将其向左或向右拖曳进行复制，如图6-31所示。

图6-31

6.5.2 在快捷菜单中复制

单击工具箱中的"移动工具"按钮▶，在"效果控件"面板中右击需要复制的关键帧，此时会弹出一个快捷菜单，选择其中的"复制"选项，如图6-32所示。

将播放指示器移动到合适位置，右击，在弹出的快捷菜单中选择"粘贴"选项，此时复制的关键帧会出现在播放指示器所处位置，如图6-33所示。

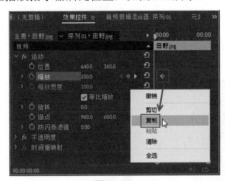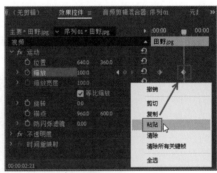

图6-32　　　　　　　　　　　　　　　　　图6-33

6.5.3 使用快捷键复制

单击工具箱中的"移动工具"按钮▶，单击选中需要复制的关键帧，然后使用快捷键Ctrl+C进行复制。接着，将播放指示器移动到合适位置，使用快捷键Ctrl+V进行粘贴，如图6-34所示。该方法在制作动画时操作简单且节约时间，是比较常用的一种方法。

图6-34

6.5.4　实战——复制关键帧到其他素材

除了可以在同一个素材中复制和粘贴关键帧，用户还可以选择将关键帧动画复制到其他素材上。下面为大家讲解复制关键帧到其他素材的具体操作方法。

01 启动Premiere Pro 2020软件，按快捷键Ctrl+O，打开路径文件夹中的"萌宠.prproj"项目文件。进入工作界面后，可以看到时间轴面板中已经添加好的素材，如图6-35所示。

02 将当前时间设置为00:00:00:00，在时间轴面板中选择"小猫.jpg"素材，进入"效果控件"面板，单击"缩放"属性前的"切换动画"按钮，在当前时间点创建第1个关键帧，如图6-36所示。

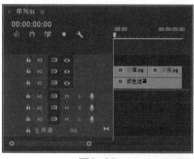

图6-35　　　　　　　　　　　　　　　　图6-36

03 将当前时间设置为00:00:02:20，然后修改"缩放"数值为0，系统将自动创建一个关键帧，如图6-37所示。

04 在"效果控件"面板中按住Ctrl键，然后分别单击两个"缩放"关键帧，将它们选中，如图6-38所示，按快捷键Ctrl+C进行复制。

图6-37　　　　　　　　　　　　　　　　图6-38

05 在时间轴面板中选择"小狗.jpg"素材，并将时间线移动到00:00:03:00位置（时间线需在"小狗.jpg"素材上方），如图6-39所示。

06 在"效果控件"面板中选择"缩放"属性，按快捷键Ctrl+V粘贴关键帧，如图6-40所示。

图6-39　　　　　　　　　　　　　　　　图6-40

07 完成上述操作后，在"节目"监视器面板中可预览最终的动画效果，如图6-41所示。

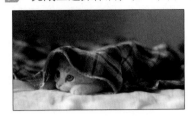  

图6-41

6.6 关键帧插值

插值是指在两个已知值之间填充未知数据的过程。在Premiere Pro中，关键帧插值可以控制关键帧的速度变化状态，主要分为"临时插值"和"空间插值"两种。一般情况下，系统默认使用线性插值法，若想要更改插值类型，可右击关键帧，在弹出的快捷菜单中进行类型更改，如图6-42所示。

图6-42

6.6.1 临时插值

临时插值用于控制关键帧在时间线上的速度变化状态。临时插值快捷菜单如图6-43所示，下面对快捷菜单中的各个选项进行具体介绍。

图6-43

1. 线性

"线性"插值可以创建关键帧之间的匀速变化。首先在"效果控件"面板中针对某一属性添加两个或两个以上的关键帧，然后右击添加的关键帧，在弹出的快捷菜单中选择"临时插值"|"线性"选项，拖动时间线，当时间线与关键帧位置重合时，该关键帧由灰色变为蓝色，此时的动画效果更为匀速平缓，如图6-44所示。

图6-44

2.贝塞尔曲线

"贝塞尔曲线"插值可以在关键帧的任意一侧手动调整图表的形状和变化速率。执行"临时插值"|"贝塞尔曲线"命令时,拖动时间线,当时间线与关键帧位置重合时,该关键帧状态变为 ,并且可在"节目"监视器面板中通过拖动曲线控制柄来调节曲线两侧,从而改变动画的运动速度。在调节过程中单独调节其中一个控制柄,同时另一个控制柄不发生变化,如图6-45所示。

图6-45

3.自动贝塞尔曲线

"自动贝塞尔曲线"插值可以调整关键帧的平滑变化速率。执行"临时插值"|"自动贝塞尔曲线"命令时,拖动时间线,当时间线与关键帧位置重合时,该关键帧样式为 。在曲线节点的两侧会出现两个没有控制线的控制点,拖动控制点,可将自动曲线转换为弯曲的贝塞尔曲线状态,如图6-46所示。

图6-46

4.连续贝塞尔曲线

"连续贝塞尔曲线"插值可以创建通过关键帧的平滑变化速率。执行"临时插值"|"连接贝塞尔曲线"命令时,拖动时间线,当时间线与关键帧位置重合时,该关键帧样式为 。双击"节目"监视器面板中的画面,此时会出现两个控制柄,通过拖动控制柄来改变两侧的曲线弯曲程度,从而改变动画效果,如图6-47所示。

图6-47

5. 定格

"定格"插值可以更改属性值且不产生渐变过渡。执行"临时插值"|"定格"命令时，拖动时间线，当时间线与关键帧位置重合时，该关键帧样式为 ◁ ，两个速率曲线节点将根据节点的运动状态自动调节速率曲线的弯曲程度。当动画播放到该关键帧时，将出现保持前一关键帧画面的效果，如图6-48所示。

图6-48

6. 缓入

"缓入"插值可以减慢进入关键帧的值变化。执行"临时插值"|"缓入"命令时，拖动时间线，当时间线与关键帧位置重合时，该关键帧样式变为 ▣ ，速率曲线节点前面将变成缓入的曲线效果。当拖动时间线播放动画时，动画在进入该关键帧时速度逐渐减缓，消除因速度波动大而产生的画面不稳定感，如图6-49所示。

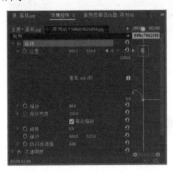

图6-49

7. 缓出

"缓出"插值可以逐渐加快离开关键帧的值变化。执行"临时插值"|"缓出"命令时，拖动时间线，当时间线与关键帧位置重合时，该关键帧样式为 ▣ ，速率曲线节点后面将变成缓出的曲线效果。当播放动画时，可以使动画在离开该关键帧时速率减缓，同样可消除因速度波动大而产生的画面不稳定感，与缓入是相同的道理，如图6-50所示。

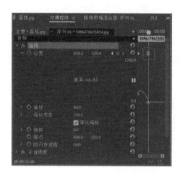

图6-50

6.6.2　空间插值

"空间插值"可以设置关键帧的过渡效果，如转折强烈的线性方式、过渡柔和的贝塞尔曲线方式等，如图6-51所示。下面对快捷菜单中的各个选项进行具体介绍。

图6-51

1. 线性

在执行"空间插值"|"线性"命令时，关键帧两侧线段为直线，角度转折较明显，如图6-52所示。播放动画时会产生位置突变的效果。

图6-52

2. 贝塞尔曲线

在执行"空间插值"|"贝塞尔曲线"命令时，可在"节目"监视器面板中手动调节控制点两侧的控制柄，通过控制柄来调节曲线形状和画面的动画效果，如图6-53所示。

图6-53

3. 自动贝塞尔曲线

在执行"空间插值"|"自动贝塞尔曲线"命令时，更改自动贝塞尔关键帧数值时，控制点两侧的手柄位置会自动更改，以保持关键帧之间的平滑速率。如果手动调整自动贝塞尔曲线的方向手柄，则可以将其转换为连续贝塞尔曲线的关键帧，如图6-54所示。

图6-54

4. 连续贝塞尔曲线

在执行"空间插值"|"连续贝塞尔曲线"命令时，也可以手动设置控制点两侧的控制柄来调整曲线方向，与"自动贝塞尔曲线"操作相同，如图6-55所示。

图6-55

6.7 综合实战——顺滑视频开幕效果

本实战将通过为影片素材添加"裁剪"效果，并结合本章所学，为效果添加关键帧，来制作一款顺滑视频开幕效果。具体操作步骤如下。

01 启动Premiere Pro 2020软件，按快捷键Ctrl+O，打开路径文件夹中的"风景.prproj"项目文件。进入工作界面后，可以看到时间轴面板中已经添加好的素材，如图6-56所示，在"节目"监视器面板中可预览当前视频效果，如图6-57所示。

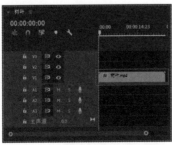

图6-56

图6-57

02 在"效果"面板中展开"视频效果"选项栏，选择"变换"效果组中的"裁剪"选项，将其拖曳添加至"树叶.mp4"素材中，如图6-58所示。

图6-58

03 将当前时间设置为00:00:00:00，在"效果控件"面板中展开"裁剪"效果属性栏，然后单击"顶部"和"底部"左侧的"切换动画"按钮 ⊙，并修改"顶部"和"底部"数值为50%，在当前时间点插入关键帧，如图6-59所示。在"节目"监视器面板中可预览当前画面效果，如图6-60所示。

图6-59

图6-60

04 将当前时间设置为00:00:06:00，然后在"效果控件"面板中修改"顶部"和"底部"数值为12%，在该时间点将生成对应的关键帧，如图6-61所示。此时在"节目"监视器面板中对应的视频画面效果如图6-62所示。

图6-61

图6-62

05 完成关键帧的创建后，在"效果控件"面板中选中00:00:00:00位置的两个关键帧，右击，在弹出的快捷菜单中选择"缓入"选项，如图6-63所示。操作完成后，关键帧变为 状态，如图6-64所示。

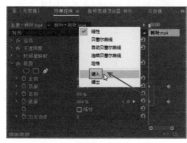

图6-63

图6-64

06 在"效果控件"面板中选中00:00:06:00位置的两个关键帧，右击，在弹出的快捷菜单中选择"缓出"选项，如图6-65所示。操作完成后，关键帧变为 状态，如图6-66所示。

图6-65

图6-66

07 执行"文件"|"新建"|"颜色遮罩"命令，弹出"新建颜色遮罩"对话框，如图6-67所示，保持默认设置，单击"确定"按钮，创建一个与序列大小一致的颜色遮罩。

08 弹出"拾色器"对话框，将颜色设置为白色，如图6-68所示，单击"确定"按钮，遮罩名称保持默认，操作完成后，即可完成颜色遮罩的创建。

图6-67

图6-68

09 在时间轴面板中将"树叶.mp4"素材摆放到V2轨道中，然后在"项目"面板中选择创建的"颜色遮罩"素材，将其添加到V1轨道，并调整素材长度，使其与上方素材对齐，如图6-69所示。

图6-69

10 完成上述操作后，在"节目"监视器面板中可预览最终的动画效果，如图6-70所示。

图6-70

6.8　本章小结

本章为各位读者介绍了关键帧的相关理论，以及关键帧动画的创建、编辑等操作，如创建关键帧、移动关键帧、删除关键帧、复制和粘贴关键帧等。在Premiere Pro 2020中，素材可设置的基本运动参数项主要有5种，分别是位置、缩放、旋转、锚点和防闪烁滤镜。此外，用户也可以为添加到素材中的各类特殊效果属性设置关键帧，来创建更多丰富且细腻的动画效果。

抠像作为一种实用且有效的特效手段，被广泛地运用在影视处理的诸多领域。通过抠像，可以使多种图像或视频素材产生完美的画面合成效果。而叠加则是将多个素材混合在一起，从而产生各种特殊效果，两者有着必然的联系，因此本章将叠加与抠像技术放在一起来进行学习。

本章重点

⊙ 叠加与抠像效果的应用　　　⊙ 画面亮度抠像
⊙ 通过素材的色度进行抠像

本章效果欣赏

7.1 叠加与抠像概述

抠像是运用虚拟的方式，将背景进行特殊透明叠加的一种技术，抠像又是影视合成中常用的背景透明方法，通过将指定区域的颜色去除，使其透明化来完成和其他素材的合成。叠加方式与抠像技术是紧密相连的，在Premiere Pro 2020中，叠加类特效主要用于抠像处理，以及对素材进行动态跟踪和叠加各种不同的素材，是影视编辑与制作中常用的视频特效。

7.1.1 叠加技术概述

在处理和编辑视频时，有时需要让两个或多个画面同时出现，这种情况可以使用叠加技术。在Premiere Pro 2020中，"视频效果"的"键控"效果文件夹中提供了多种特效，可以帮助用户轻松实现素材叠加，素材叠加效果的应用如图7-1所示。

图7-1

7.1.2 抠像技术概述

说到抠像，大家就会想起Photoshop，其实Photoshop的抠像主要是针对静态的图像。对于视频素材来说，如果要求不是非常精细的话，Premiere Pro也能满足大部分人的需求。在Premiere Pro中，抠像主要是将不同的对象合成到一个场景中，可以对动态的视频进行抠像处理，也可以对静止的图片素材进行抠像处理。抠像效果的应用如图7-2所示。

图7-2

提示 在进行抠像和叠加合成处理时，需要在抠像层和背景层上下两个轨道中放置素材，并且抠像层要放在背景层的上面。当对上层的轨道中素材进行抠像后，下层的背景才会显示出来。

7.2 叠加与抠像效果的应用

选择抠像素材，在"视频效果"中的"键控"文件夹里可以为其选择不同的抠像效果，如图7-3所示。本节将为大家介绍叠加与抠像的具体应用。

图7-3

7.2.1　显示键控效果

在Premiere Pro 2020中，显示键控特效的操作很简单：打开项目，执行"窗口"|"效果"命令，如图7-4所示，操作完成后将跳转至"效果"面板。在"效果"面板中单击"视频效果"文件夹前的小三角按钮▶，展开效果列表，接着展开"键控"文件夹即可显示键控效果。

图7-4

7.2.2　实战——应用键控特效

在Premiere Pro 2020中，用户不仅可以将键控效果添加到轨道素材上，还可以在时间轴面板或者"效果控件"面板中为键控效果添加关键帧。

01 启动Premiere Pro 2020软件，按快捷键Ctrl+O，打开路径文件夹中的"键控效果应用.prproj"项目文件。进入工作界面后，可以看到时间轴面板中已经添加好的素材，如图7-5所示。在"节目"监视器面板中可以预览当前素材效果，如图7-6所示。

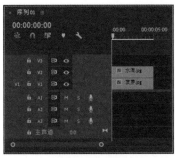

图7-5

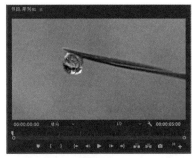

图7-6

02 在"效果"面板中展开"视频效果"|"键控"文件夹，在其中选择"Alpha调整"效果，将效果拖曳添加至时间轴面板中的"水滴.jpg"素材上方，如图7-7所示。

图7-7

03 将当前时间设置为00:00:00:00，在"效果控件"面板中单击"Alpha调整"效果属性中"不透明度"参数前的"切换动画"按钮，在当前时间点创建第一个关键帧，如图7-8所示。

04 将当前时间设置为00:00:02:00，然后修改"不透明度"数值为0，系统将自动创建一个关键帧，如图7-9所示。

图7-8   图7-9

05 完成上述操作后，在"节目"监视器面板中可预览应用键控特效后的画面效果，如图7-10所示。

图7-10

7.3 叠加与抠像效果介绍

下面为大家详细介绍Premiere Pro 2020中的各类叠加和抠像效果。

7.3.1 Alpha调整

"Alpha调整"效果，可以为包含Alpha通道的导入图像创建透明效果，其应用前后的效果如图7-11所示。

图7-11

Alpha通道是指图像的透明和半透明度。Premiere Pro 2020能够读取来自Photoshop和3D图形软件等程序中的Alpha通道，还能够将Illustrator文件中的不透明区域转换成Alpha通道。下面为大家简单介绍

"Alpha调整"效果的各项参数，如图7-12所示。

图7-12

参数介绍如下。

➢ 不透明度：数值越小，图像越透明。

➢ 忽略Alpha：勾选该复选框后，Premiere Pro 2020会忽略Alpha通道。

➢ 反转Alpha：勾选该复选框后，Alpha通道会进行反转。

➢ 仅蒙版：勾选该复选框，将只显示Alpha通道的蒙版，而不显示其中的图像。

7.3.2 亮度键

使用"亮度键"效果可以去除素材中较暗的图像区域，通过"阈值"和"屏蔽度"可以微调效果。"亮度键"效果应用前后效果如图7-13所示。

图7-13

在添加了"亮度键"效果后，可在"效果控件"面板中对其相关参数进行调整，如图7-14所示。

图7-14

参数介绍如下。

➢ 阈值：增大数值时，可增加被去除的暗色值范围。

> 屏蔽度：用于设置素材的屏蔽程度，数值越大，图像越透明。

7.3.3 图像遮罩键

在使用"图像遮罩键"效果时，需要在"效果控件"面板的特效属性中单击"设置"按钮 ，为其指定一张遮罩图像，这张图像将决定最终的显示效果。此外，用户还可以使用素材的Alpha通道或亮度来创建复合效果。

在添加了"图像遮罩键"效果后，可在"效果控件"面板中对其相关参数进行调整，如图7-15所示。

图7-15

参数介绍如下。

> 合成使用：用来指定创建复合效果的遮罩方式，在右侧的下拉列表中可以选择"Alpha遮罩"和"亮度遮罩"。

> 反向：勾选该复选框后可以使遮罩反向。

7.3.4 差值遮罩

"差值遮罩"效果可以去除两个素材中相匹配的图像区域。是否使用"差值遮罩"效果取决于项目中使用何种素材，如果项目中的背景是静态的，而且位于运动素材之上，就需要使用"差值遮罩"效果将图像区域从静态素材中去掉。"差值遮罩"效果应用前后效果如图7-16所示。

图7-16

在添加了"差值遮罩"效果后，可在"效果控件"面板中对其相关参数进行调整，如图7-17所示。

图7-17

参数介绍如下。

➤ 视图：用于设置显示视图的模式，在右侧的下拉列表中可以选择"最终输出""仅限源"和"仅限遮罩"这3种模式。

➤ 差值图层：用于指定以哪个视频轨道中的素材作为差值图层。

➤ 如果图层大小不同：用于设置图层是否居中，或者伸缩以适合。

➤ 匹配容差：用于设置素材层的容差值，使之与另一素材相匹配。

➤ 匹配柔和度：用于设置素材的柔和程度。

➤ 差值前模糊：用于设置素材的模糊程度，值越大，素材越模糊。

7.3.5　移除遮罩

"移除遮罩"效果可以由Alpha通道创建透明区域，而这种Alpha通道是在红色、绿色、蓝色和Alpha共同作用下产生的。通常"移除遮罩"效果用来去除黑色或者白色背景，尤其是对于处理纯白或者纯黑背景的图像非常有用。

在添加了"移除遮罩"效果后，可在"效果控件"面板中对其相关参数进行调整，如图7-18所示。

图7-18

参数介绍如下。

➤ 遮罩类型：用于指定遮罩的类型，在右侧下拉列表中可以选择"白色"或"黑色"两种类型。

7.3.6　超级键

"超级键"又称为极致键，通过该键可以使用指定颜色或相似颜色调整图像的容差值来显示图像透明度，也可以使用该键来修改图像的色彩显示。应用"超级键"前后效果如图7-19所示。

在添加了"超级键"效果后，可在"效果控件"面板中对其相关参数进行调整，如图7-20所示。

图7-19

图7-20

参数介绍如下。

➢ 输出：用于设置素材输出类型，在右侧下拉列表中可以选择"合成""Alpha通道"和"颜色通道"这3种类型。

➢ 设置：用于设置抠像的类型，在右侧下拉列表中可以选择"默认""弱效""强效"和"自定义"这4种类型。

➢ 主要颜色：用于吸取需要被键出的颜色。

➢ 遮罩生成：展开该属性栏可以自行设置遮罩层的各类属性。

➢ 遮罩清除：用于调整遮罩的属性类型，包括"抑制""柔化""对比度"和"中间点"等。

➢ 溢出抑制：用于对抠像后的素材进行边沿部分的颜色压缩。

➢ 颜色校正：用于校正素材的颜色，包括"饱和度""色相"和"明度"等。

7.3.7 轨道遮罩键

"轨道遮罩键"效果可以创建移动或滑动蒙版效果。通常，蒙版设置在运动屏幕的黑白图像上，与蒙版上黑色相对应的图像区域为透明区域，与白色相对应的图像区域不透明，灰色区域创建混合效果，即呈半透明状态。

在添加了"轨道遮罩键"效果后，可在"效果控件"面板中对其相关参数进行调整，如图7-21所示。

参数介绍如下。

➢ 遮罩：在右侧的下拉列表中可展开选项，为素材指定一个遮罩。

图7-21

> 合成方式：用来指定应用遮罩的方式，在右侧的下拉列表中可以选择"Alpha遮罩"和"亮度遮罩"。
> 反向：勾选该复选框可使遮罩反向。

7.3.8 非红色键

"非红色键"效果可以同时去除蓝色和绿色背景，它包括两个混合滑块，可以混合两个轨道素材。应用"非红色键"前后效果如图7-22所示。

图7-22

在添加了"非红色键"效果后，可在"效果控件"面板中对其相关参数进行调整，如图7-23所示。

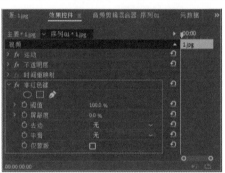

图7-23

参数介绍如下。

> 阈值：减小数值可以去除更多的绿色和蓝色区域。
> 屏蔽度：用于微调键控的屏蔽程度。
> 去边：可以在右侧下拉列表中选择"无""绿色"和"蓝色"这3种去边效果。
> 平滑：用于设置锯齿消除程度，通过混合像素颜色来平滑边缘。在右侧的下拉列表中可以选择"无""低"和"高"3种消除锯齿程度。
> 仅蒙版：勾选该复选框将显示素材的Alpha通道。

7.3.9 颜色键

"颜色键"效果可以去掉素材图像中所指定颜色的像素，该效果只会影响素材的Alpha通道，其应用前后效果如图7-24所示。

图7-24

在添加了"颜色键"效果后，可在"效果控件"面板中对其相关参数进行调整，如图7-25所示。

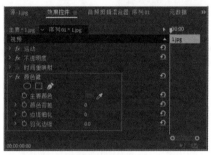

图7-25

参数介绍如下。

➢ **主要颜色**：用于吸取需要被键出的颜色。
➢ **颜色容差**：用于设置素材的容差度，容差度越大，被键出的颜色区域越透明。
➢ **边缘细化**：用于设置键出边缘的细化程度，数值越小，边缘越粗糙。
➢ **羽化边缘**：用于设置键出边缘的柔化程度，数值越大，边缘越柔和。

7.3.10 实战——画面亮度抠像

本节将通过实例，为大家详细讲解如何使用Premiere Pro中的"亮度键"进行抠像。

01 启动Premiere Pro 2020软件，按快捷键Ctrl+O，打开路径文件夹中的"亮度键抠像.prproj"项目文件。进入工作界面后，将"项目"面板中的"背景.jpg"素材添加至V1视频轨道；将"项目"面板中的"星光.jpg"素材添加至V2视频轨道，如图7-26所示。

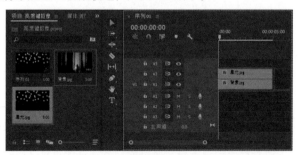

图7-26

提示 注意，这里素材的默认持续时间为5秒。

02 在"效果"面板中展开"视频效果"选项栏，选择"键控"效果组中的"亮度键"选项，将其拖曳添加至时间轴面板中的"星光.jpg"素材上，如图7-27所示。

图7-27

03 在时间轴面板中选择"星光.jpg"素材，在"效果控件"面板中展开"亮度键"效果栏，在00:00:00:00时间点，单击"阈值"属性前的"切换动画"按钮，在当前时间点创建第一个关键帧，并将"阈值"数值设置为100%；将当前时间设置为00:00:01:00，然后修改"阈值"数值为40%，创建第二个关键帧；将当前时间设置为00:00:02:00，然后修改"阈值"数值为100%，创建第三个关键帧；将当前时间设置为00:00:03:00，然后修改"阈值"数值为60%，创建第四个关键帧；将当前时间设置为00:00:04:00，然后修改"阈值"数值为100%，创建第五个关键帧；将当前时间设置为00:00:04:24，然后修改"阈值"数值为50%，创建第六个关键帧，如图7-28所示。

04 选中6个关键帧，右击，在弹出的快捷菜单中选择"贝塞尔曲线"选项，改变关键帧状态，使运动更加顺滑，如图7-29所示。

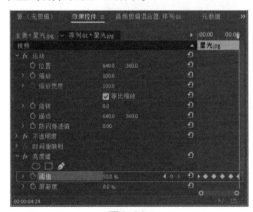
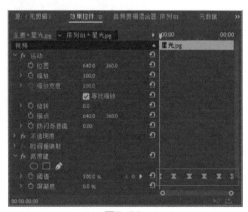

图7-28　　　　　　　　　　　　　　　　图7-29

05 完成上述操作后，在"节目"监视器面板中可预览最终效果，如图7-30所示。

图7-30

7.4　综合实战——通过素材的色度进行抠像

下面将以案例的形式，为大家演示如何通过素材的色度来进行抠像操作，主要通过为素材添加"颜色键"效果，来实现这一操作。

01 启动Premiere Pro 2020软件，按快捷键Ctrl+O，打开路径文件夹中的"色度抠像.prproj"项目文件。进入工作界面后，将"项目"面板中的"花瓶背景.jpg"素材添加至V1视频轨道；将"项目"面板中的"花.jpg"素材添加至V2视频轨道，如图7-31所示。

图7-31

02 在"效果"面板中展开"视频效果"选项栏，选择"键控"效果组中的"颜色键"选项，将其拖曳添加至时间轴面板中的"花.jpg"素材上，如图7-32所示。

图7-32

03 在时间轴面板中选择"花.jpg"素材，在"效果控件"面板中展开"亮度键"效果栏，设置"主要颜色"为浅蓝色（#9ADCFE），也可使用滴管工具在图中进行吸取；设置"颜色容差"为70；"边缘细化"为3；"羽化边缘"为6，如图7-33所示。

04 完成操作后，在"节目"监视器面板中可预览当前图像效果，如图7-34所示。

图7-33

图7-34

05 再次选择"键控"效果组中的"颜色键"选项，将其拖曳添加至时间轴面板中的"花.jpg"素材上。选中素材，在"效果控件"面板中，对第二次添加的"颜色键"效果参数进行调整，设置"主要颜色"为蓝色（#49ACFD），也可使用滴管工具在图中进行吸取；设置"颜色容差"为30，如图7-35所示。

06 完成操作后，在"节目"监视器面板中可预览当前图像效果，如图7-36所示，可以看到"花.jpg"素材中的蓝色背景被完全抠除。

图7-35

图7-36

07 选择"花.jpg"素材，在"效果控件"面板中设置"位置"参数为187、146，"缩放"数值为60，如图7-37所示。调整完成后，得到的最终效果如图7-38所示。

图7-37

图7-38

7.5　本章小结

本章主要学习了叠加与抠像效果的应用原理及技巧，Premiere Pro 2020为用户提供了9种抠像效果，分别是Alpha调整、亮度键、图像遮罩键、差值遮罩、移除遮罩、超级键、轨道遮罩键、非红色键、颜色键，熟练掌握这些抠像效果的运用及效果调整，可以在日常的项目制作中，轻松应对各类素材的抠像处理。

画面的颜色与校正，通俗地讲就是"调色"，调色是后期处理的重要操作之一，作品的颜色能够在很大程度上影响观者的心理感受。调色技术不仅在摄影、平面设计中占有重要地位，在影视制作中同样是不可忽视的一个重要技术。通过调色，不仅能使画面的各个元素变得更漂亮，更重要的是通过色彩的调整能使元素融合到画面中，从而使元素不再显得突兀，画面整体氛围更加统一。

本章重点

◉ 设置图像控制类效果 ◉ 设置过时类效果

◉ 设置颜色校正效果

本章效果欣赏

8.1 调色基础

Premiere Pro的调色功能非常强大，不仅能对画面存在的曝光过度、亮度不足、画面偏灰、色调偏色等问题进行校正，还能通过使用调色功能增强画面的视觉效果，丰富画面情感，打造出风格多样的作品。在正式开始学习Premiere Pro调色操作之前，编者先带领大家熟悉一些调色基本理论。

8.1.1 色彩三要素

在视觉的世界里，色彩被分为两大类：无彩色和有彩色，无彩色为黑、白、灰三种色；有彩色则是除黑、白、灰以外的其他颜色，如图8-1所示。每种有彩色都具备三大属性，分别是色相、明度、纯度（饱和度），无彩色只具备明度这一个属性。

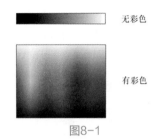

图8-1

1. 色相

色相是指画面整体的颜色倾向，也可以称为色调，它是色彩的首要特征，也是区别各种不同色彩的标准。图8-2所示为绿色调图像，图8-3所示为黄色调图像。

图8-2　　　　　　　　　　　　　　图8-3

2. 明度

明度是指色彩的明亮程度。色彩的明暗程度有两种情况，同一颜色的明度变化和不同颜色的明度变化。同一颜色的明度深浅变化效果如图8-4所示，从左至右表示明度由低到高。不同的色彩也都存在明暗变化，其中黄色明度最高，紫色明度最低，红、黄、蓝、橙色的明度相近，为中间明度。

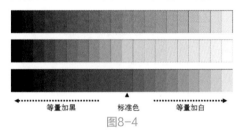

图8-4

3. 纯度

纯度是指色彩中所含有色成分的比例，比例越大，纯度越高，色彩也越鲜亮；比例越小，则纯度越低，色彩也会变得暗淡、偏灰。饱和度变化如图8-5所示，可以看到从上至下，色彩的饱和度逐渐降低，上面是不含杂色的纯色，下面则接近灰色。

图8-5

8.1.2　画面调色的一般流程

下面介绍画面调色的一般操作流程，供大家参考。

1. 校正画面整体的颜色错误

在处理作品时，通过对画面进行整体观察，最先考虑到的就是整体的颜色有没有不足，例如偏色、过曝、偏灰和明暗色差大等，如果出现这类问题，则需要对画面进行颜色校正，如图8-6所示。

校正前　　　　　　　　　　　　　校正后

图8-6

对于一些新闻纪实类节目来说，可能无须对画面进行美化处理，而需要最大限度地保留画面真实度，那么调色工作进行到这里就大致结束了。而如果需要对画面进行进一步美化，那么接下来就可以继续对画面细节进行处理。

2. 细节美化

在完成画面基本问题的校正后，可能还存在一些不尽如人意的细节问题，比如重点部分不突出、画面颜色不美观等。对于画面细节的美化处理非常有必要，因为画面的重点常常集中在一个很小的部分上。在Premiere Pro中，使用"调整图层"非常适合处理画面的细节。

3. 帮助元素融入画面

在制作一些设计作品或创意合成时，经常需要在原有的画面中添加一些其他元素，例如在版面中添加主体人像，或是为画面更换一个新背景等。当在画面中添加新元素时，由于素材差异会令合成看上不真实，这除了元素内容、虚假程度、大小比例、透视角度等问题，最大的可能性就是新元素与原始图像的颜色不统一。

针对这一情况，就需要单独对色调倾向不同的内容进行调色处理，使不符合整体色调的局部颜色接近整体，从而使画面整体统一。

4. 强化气氛，辅助主题表现

在画面整体、细节及新增元素的颜色都处理好之后，画面的颜色基本正确，但这还远远不够。要想让作品脱颖而出，需要的是超越其他作品的视觉感受，因此需要对图像的颜色进行进一步调整，这里的调整考虑的是与图像主题相契合。

8.1.3　实战——为视频进行调色

下面将以Premiere Pro中的"RGB曲线"效果为例，为大家演示为视频画面调色的具体操作。

01 启动Premiere Pro 2020软件，按快捷键Ctrl+O，打开路径文件夹中的"天空.prproj"项目文件。进入工作界面后，可以看到时间轴面板中已经添加好的素材，如图8-7所示。在"节目"监视器面板中可以预览当前素材效果，如图8-8所示。

图8-7　　　　　　　　　　　　　图8-8

02 在"效果"面板中展开"视频效果"选项栏，选择"过时"效果组中的"RGB曲线"选项，将其拖曳添加至"天空.mp4"素材中，如图8-9所示。

图8-9

03 选择V1视频轨道上的"天空.mp4"素材，在"效果控件"面板中展开"RGB曲线"选项栏，在"主要"曲线面板上单击添加一个控制点，并向左上角拖曳，如图8-10所示，此时画面将变亮，如图8-11所示。

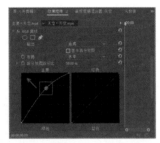

图8-10

图8-11

04 在"蓝色"曲线面板上单击添加一个控制点，并向左上角拖曳，如图8-12所示，此时画面中的天空蓝色部分会被加强，如图8-13所示。

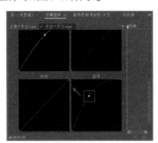

图8-12

图8-13

05 视频画面调色的前后效果如图8-14所示。

调色前

调色后

图8-14

8.2　设置图像控制类效果

通过"效果"面板中的"图像控制"类效果，可以平衡画面中强弱、浓淡、轻重的色彩关系，使画面更加符合观众的视觉感受。其中包括"灰度系数校正""颜色平衡（RGB）""颜色替换""颜色过滤"和"黑白"这5种效果，如图8-15所示。

图8-15

8.2.1　灰度系数校正

"灰度系数校正"效果是在不改变图像高亮区域和低亮区域的情况下，使图像变亮或者变暗的效果，其应用前后效果如图8-16所示。

图8-16

为素材添加"灰度系数校正"效果后，在"效果控件"面板中可对该效果的相关参数进行调整，如图8-17所示。

图8-17

参数介绍如下。

➢ **灰度系数**：设置素材文件的灰度效果，数值越小画面越亮，数值越大画面越暗。

8.2.2　颜色平衡（RGB）

"颜色平衡（RGB）"效果可根据参数的调整，调节画面中三原色的数量值，其应用前后效果如图8-18所示。

图8-18

为素材添加"颜色平衡（RGB）"效果后，在"效果控件"面板中可对该效果的相关参数进行调整，如图8-19所示。

图8-19

参数介绍如下。

➢ 红色：针对素材文件中的红色数量进行调整，图8-20所示为不同"红色"数量的对比效果。

图8-20

➢ 绿色：针对素材文件中的绿色数量进行调整，图8-21所示为不同"绿色"数量的对比效果。

图8-21

➢ 蓝色：针对素材文件中的蓝色数量进行调整，图8-22所示为不同"蓝色"数量的对比效果。

图8-22

8.2.3　颜色替换

"颜色替换"效果是在不改变图像灰度的情况下，将选中的色彩以及与之有一定相似度的色彩都用一种新的颜色代替的效果，其应用前后效果如图8-23所示。

为素材添加"颜色替换"效果后，在"效果控件"面板中可对该效果的相关参数进行调整，如图8-24所示。

图8-23

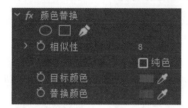

图8-24

参数介绍如下。

➤ 相似性：设置目标颜色的容差数值。

➤ 目标颜色：画面中的取样颜色。

➤ 替换颜色：即"目标颜色"替换后的颜色。

8.2.4 颜色过滤

"颜色过滤"效果是将图像中没有选中的颜色区域变成灰度色，选中的色彩区域保持不变的效果，其应用前后效果如图8-25所示。

图8-25

为素材添加"颜色过滤"效果后，在"效果控件"面板中可对该效果的相关参数进行调整，如图8-26所示。

图8-26

参数介绍如下。

➤ 相似性：设置画面中的灰度值，图8-27所示为设置不同"相似性"参数的对比效果。

图8-27

➢ **颜色：选择的颜色将会被保留。**

8.2.5　黑白

"黑白"效果是将彩色图像直接转换成灰度图像的效果，其应用前后效果如图8-28所示。

图8-28

8.2.6　实战——打造温暖冬日场景

本例将为素材添加"阴影/高光""颜色平衡（RGB）"和"镜头光晕"效果，来对普通雪景图像进行颜色调整。

01 启动Premiere Pro 2020软件，按快捷键Ctrl+O，打开路径文件夹中的"雪景.jpg"项目文件。进入工作界面后，可以看到时间轴面板中已经添加好的素材，如图8-29所示。在"节目"监视器面板中，可以预览当前素材效果，如图8-30所示。

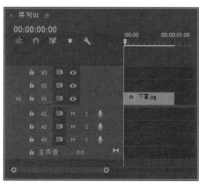

图8-29　　　　　　　　　　图8-30

02 在"效果"面板中展开"视频效果"选项栏，选择"过时"效果组中的"阴影/高光"选项，将其拖曳添加至"下雪.jpg"素材中，如图8-31所示。

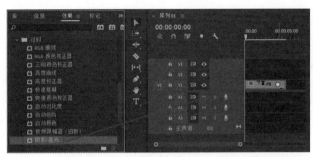

图8-31

03 添加上述效果后，画面的暗部细节将被自动提亮，效果如图8-32所示。

图8-32

04 在"效果"面板中展开"视频效果"选项栏，选择"图像控制"效果组中的"颜色平衡（RGB）"
选项，将其拖曳添加至"下雪.jpg"素材中，如图8-33所示。

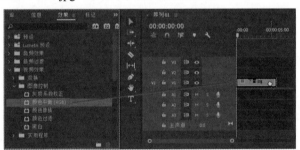

图8-33

05 选择V1视频轨道上的"下雪.jpg"素材，在"效果控件"面板中展开"颜色平衡（RGB）"选项
栏，设置"红色"为100，"绿色"为107，"蓝色"为137，如图8-34所示，调整完成后，画面将
整体呈冷色调效果，且画面亮度较之前有所提升，如图8-35所示。

图8-34

图8-35

06 在"效果"面板中展开"视频效果"选项栏，选择"生成"效果组中的"镜头光晕"选项，将其拖曳添加至"下雪.jpg"素材中，如图8-36所示。

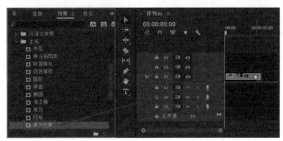

图8-36

07 选择V1视频轨道上的"下雪.jpg"素材，在"效果控件"面板中展开"镜头光晕"属性栏，设置"光晕中心"为1044、190，"光晕亮度"为160%，"镜头类型"为"50-300毫米变焦"，"与原始图像混合"为8%，如图8-37所示。

08 完成上述操作后，可在"节目"监视器面板中预览最终效果，如图8-38所示。

图8-37　　　　　　　　　　图8-38

8.3　设置过时类效果

Premiere Pro中的"过时"类效果包含了"RGB曲线""RGB颜色校正器""三向颜色校正器""亮度曲线""亮度校正器""快速模糊""快速颜色校正器""自动对比度""自动色阶""自动颜色""视频限幅器（旧版）"和"阴影/高光"这12种视频效果，如图8-39所示。

图8-39

8.3.1　RGB曲线

"RGB曲线"效果是通过调整红、绿、蓝通道和主通道的曲线来调节RGB色彩值的效果，其应用前后效果如图8-40所示。

图8-40

为素材添加"RGB曲线"效果后，在"效果控件"面板中可对该效果的相关参数进行调整，如图8-41所示。

图8-41

参数介绍如下。

➤ 输出：其中包括"合成"和"亮度"两种输出类型。

➤ 布局：其中包括"水平"和"垂直"两种布局类型。

➤ 拆分视图百分比：调整素材文件的视图大小。

➤ 辅助颜色校正：可以通过色相、饱和度和明亮度定义颜色，并针对画面中的颜色进行校正。

8.3.2 RGB颜色校正器

"RGB颜色校正器"效果是通过修改RGB参数，来改变画面颜色和亮度的效果，其应用前后效果如图8-42所示。

图8-42

为素材添加"RGB颜色校正器"效果后，在"效果控件"面板中可对该效果的相关参数进行调整，如图8-43所示。

图8-43

参数介绍如下。

➢ 输出：可通过"复合""亮度""色调范围"调整素材文件的输出值。

➢ 布局：以"水平"或"垂直"的方式确定视图布局。

➢ 拆分视图百分比：调整需要校正视图的百分比。

➢ 色调范围：可通过"高光""中间调""阴影"来控制画面的明暗数值。

➢ 灰度系数：用来调整画面中的灰度值。

➢ 基值：从Alpha通道中以颗粒状滤出的一种杂色。

➢ 增益：可调节音频轨道混合器中的增减效果。

➢ RGB：可对红绿蓝中的灰度系数、基值、增益数值进行设置。

➢ 辅助颜色校正：可对选择的颜色进行进一步准确校正。

8.3.3　三向颜色校正器

"三向颜色校正器"效果可对素材的阴影、中间调和高光进行调整，其应用前后效果如图8-44所示。

图8-44

为素材添加"三向颜色校正器"效果后，在"效果控件"面板中可对该效果的相关参数进行调整，如图8-45所示。

参数介绍如下。

➢ 输出：可查看素材文件的色调范围，包含"视频"输出和"亮度"输出两种类型。

➢ 拆分视图：可在该参数下设置视图的校正情况。

➢ 色调范围定义：拖动滑块，在该参数下可调节阴影、高光和中间调的色调范围阈值。

➢ 饱和度：用来调整素材文件的饱和度情况。

➢ 辅助颜色校正：可将颜色进行进一步精确调整。

➢ 自动色阶：调整素材文件的阴影高光情况。

➢ 阴影：针对画面中的阴影部分进行调整，其中包含"阴影色相角度""阴影平衡数量级""阴影平衡增益""阴影平衡角度"。

➢ 中间调：调整素材的中间调颜色，其中包含"中间调色相角度""中间调平衡数量级""中间调平衡增益""中间调平衡角度"。

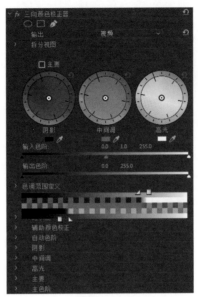

图8-45

> 高光：调整素材文件的高光部分，其中包含"高光色相角度""高光平衡数量级""高光平衡增
> 益""高光平衡角度"。
> 主要：调整画面中的整体色调偏向，其中包含"主色相角度""主平衡数量级""主平衡增
> 益""主平衡角度"。
> 主色阶：调整画面中的黑白灰色阶，其中包含"主输入黑色阶""主输入灰色阶""主输入白色
> 阶""主输出黑色阶""主输出白色阶"。

8.3.4　亮度曲线

"亮度曲线"效果可以通过调整亮度值的曲线来调节图像的亮度，其应用前后效果如图8-46所示。

图8-46

为素材添加"亮度曲线"效果后，在"效果控件"面板中可对该效果的相关参数进行调整，如图8-47
所示。

参数介绍如下。

> 输出：可通过"输出"查看素材文件的最终效果，其中包含"复合"和"亮度"两种方式。
> 显示拆分视图：勾选该复选框，可显示素材文件调整前后的对比效果。
> 布局：包含"水平"和"垂直"两种布局方式。
> 拆分视图百分比：用来调整视图的大小情况。

图8-47

8.3.5 亮度校正器

"亮度校正器"效果可调整画面的亮度、对比度和灰度值，其应用前后效果如图8-48所示。

图8-48

为素材添加"亮度校正器"效果后，在"效果控件"面板中可对该效果的相关参数进行调整，如图8-49所示。

图8-49

参数介绍如下。

- ➢ 输出：在该下拉列表中包含了"复合""亮度"和"色调范围"这3种类型。
- ➢ 布局：在该下拉列表中包含了"垂直"和"水平"这两种布局方式。
- ➢ 拆分视图百分比：校正画面中视图的大小情况。
- ➢ 色调范围定义：包含了"阴影""中间调"和"高光"这3种类型。
- ➢ 亮度：可控制画面的明暗程度和不透明度。
- ➢ 对比度：调整Alpha通道中的明暗对比度。
- ➢ 对比度级别：设置素材文件的原始对比值。

- 灰度系数：调节图像中的灰度值。
- 基值：画面会根据参数的调节变暗或变亮。
- 增益：通过调整素材文件的亮度，从而调整画面整体效果。在画面中，较亮的像素受到的影响会大于较暗的像素受到的影响。
- 辅助颜色校正：可手动调整色盘，更便捷地针对画面进行调色。

8.3.6　快速模糊

"快速模糊"效果可调整素材画面的模糊程度，其应用前后效果如图8-50所示。

图8-50

为素材添加"快速模糊"效果后，在"效果控件"面板中可对该效果的相关参数进行调整，如图8-51所示。

图8-51

参数介绍如下。

- 模糊度：通过调整数值可改变画面的模糊程度。
- 模糊维度：可调整模糊的方向，其中包含"水平和垂直""水平"和"垂直"这3个选项。
- 重复边缘像素：勾选该复选框，图像的边缘将保持清晰。

8.3.7　快速颜色校正器

"快速颜色校正器"效果可使用色相、饱和度来调整素材文件的颜色，其应用前后效果如图8-52所示。

图8-52

为素材添加"快速颜色校正器"效果后，在"效果控件"面板中可对该效果
的相关参数进行调整，如图8-53所示。

参数介绍如下。

➤ 输出：包含"合成"和"亮度"两种输出方式。

➤ 布局：包括"水平"和"垂直"两种布局类型。

➤ 拆分视图百分比：可调整和校正视图的大小，默认值为50%。

➤ 色相平衡和角度：可手动调整色盘，更便捷地针对画面进行调色。

➤ 色相角度：控制高光、中间调或阴影区域的色相。

➤ 饱和度：用来调整素材文件的饱和度。

➤ 输入黑色阶/灰色阶/白色阶：用来调整高光、中间调或阴影的数量。

图8-53

8.3.8 实战——绿植风景校色

本例将为素材添加"快速颜色校正器""自动颜色"和"RGB曲线"效果，
来对绿植风景图像进行校色。

01 启动Premiere Pro 2020软件，按快捷键Ctrl+O，打开路径文件夹中的"椰子树.prproj"项目文件。进
入工作界面后，可以看到时间轴面板中已经添加好的素材，如图8-54所示。在"节目"监视器面板
中可以预览当前素材效果，如图8-55所示。

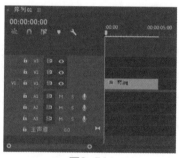

图8-54

图8-55

02 在"效果"面板中展开"视频效果"选项栏，选择"过时"效果组中的"快速颜色校正器"选项，
将其拖曳添加至"树.jpg"素材中，如图8-56所示。

图8-56

03 选择V1视频轨道上的"树.jpg"素材，在"效果控件"面板中展开"快速颜色校正器"选项栏，设
置"平衡数量级"为26，"平衡增益"为20，"平衡角度"为130，"饱和度"为120，如图8-57所
示。此时得到的画面效果如图8-58所示。

04 在"效果"面板中展开"视频效果"选项栏，选择"过时"效果组中的"自动颜色"选项，将其拖
曳添加至"树.jpg"素材中，如图8-59所示。

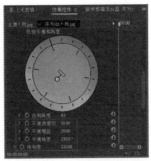
图8-57

图8-58

图8-59

05 选择V1视频轨道上的"树.jpg"素材，在"效果控件"面板中展开"自动颜色"选项栏，设置"瞬时平滑（秒）"为3，"减少黑色像素"为0.1%，如图8-60所示。此时得到的画面效果如图8-61所示。

图8-60

图8-61

06 在"效果"面板中展开"视频效果"选项栏，选择"过时"效果组中的"RGB曲线"选项，将其拖曳添加至"树.jpg"素材中，如图8-62所示。

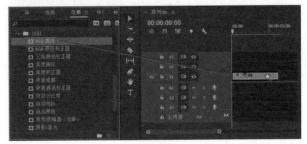
图8-62

07 选择V1视频轨道上的"树.jpg"素材，在"效果控件"面板中展开"RGB曲线"选项栏，在"主要"和"绿色"曲线面板中添加控制点，并进行拖曳调整，如图8-63所示。

08　完成上述操作后，可在"节目"监视器面板中预览最终效果，如图8-64所示。

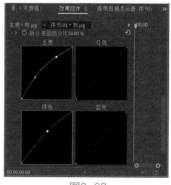
图8-63

图8-64

8.3.9　自动对比度

"自动对比度"效果可自动调整素材的对比度，其应用前后效果如图8-65所示。

图8-65

为素材添加"自动对比度"效果后，在"效果控件"面板中可对该效果的相关参数进行调整，如图8-66所示。

图8-66

参数介绍如下。

➢ 瞬时平滑（秒）：控制素材文件的平滑程度。

➢ 场景检测：根据"瞬时平滑"参数来自动进行对比度检测处理。

➢ 减少黑色像素：控制暗部像素在画面中占的百分比。

➢ 减少白色像素：控制亮部像素在画面中占的百分比。

➢ 与原始图像混合：控制素材间的混合程度。

8.3.10　自动色阶

"自动色阶"效果可以自动对素材进行色阶调整，其应用前后效果如图8-67所示。

为素材添加"自动色阶"效果后，在"效果控件"面板中可对该效果的相关参数进行调整，如图8-68所示。

图8-67

图8-68

参数介绍如下。

➢ 瞬时平滑（秒）：控制素材文件的平滑程度。

➢ 场景检测：根据"瞬时平滑"参数来自动进行色阶检测处理。

➢ 减少黑色像素：控制暗部像素在画面中占的百分比。

➢ 减少白色像素：控制亮部像素在画面中占的百分比。

➢ 与原始图像混合：控制素材的混合程度。

8.3.11 自动颜色

"自动颜色"效果可以对素材的颜色进行自动调节，其应用前后效果如图8-69所示。

图8-69

为素材添加"自动颜色"效果后，在"效果控件"面板中可对该效果的相关参数进行调整，如图8-70所示。

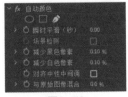

图8-70

参数介绍如下。

➢ 瞬时平滑（秒）：控制素材文件的平滑程度。

➢ 场景检测：根据"瞬时平滑"参数来自动进行颜色检测处理。

➢ 减少黑色像素：控制暗部像素在画面中占的百分比。

➢ 减少白色像素：控制亮部像素在画面中占的百分比。

> 对齐中性中间调：勾选该复选框后，Premiere Pro将自动寻找图像中接近中间亮度的像素作为中间色，可有效调整图像色偏。

> 与原始图像混合：控制素材的混合程度。

8.3.12 视频限幅器

"视频限幅器"效果可以对画面中素材的颜色值进行限幅调整，其应用前后效果如图8-71所示。

图8-71

为素材添加"视频限幅器"效果后，在"效果控件"面板中可对该效果的相关参数进行调整，如图8-72所示。

图8-72

参数介绍如下。

> 显示拆分视图：勾选该复选框后，可开启剪切视图模式，从而制作动画效果。

> 布局：包括"水平"和"垂直"两种布局方式。

> 拆分视图百分比：可调整视图的大小。

> 缩小轴：包括"亮度""色度""色度和亮度""智能限制"这4种限制方式。

> 信号最小值：在画面中调整暗部区域的接收信号情况。

> 信号最大值：在画面中调整亮部区域的接收信号情况，数值越小，画面灰度越高。

> 缩小方式：包括"高光压缩""中间调压缩""阴影压缩""高光和阴影压缩""压缩全部"这5种压缩方式。

> 色调范围定义：可针对"阴影"或"高光"的阈值和柔和度进行设置。

8.3.13 阴影/高光

"阴影/高光"效果可以调整素材的阴影和高光部分，其应用前后效果如图8-73所示。

图8-73

为素材添加"阴影/高光"效果后，在"效果控件"面板中可对该效果的相关参数进行调整，如图8-74所示。

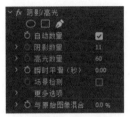

图8-74

参数介绍如下。

➢ 自动数量：勾选该复选框后，会自动调整素材文件的阴影和高光部分，此时该效果中的其他参数将不能使用。

➢ 阴影数量：控制素材文件中阴影的数量。

➢ 高光数量：控制素材文件中高光的数量。

➢ 瞬时平滑（秒）：在调节时设置素材文件时间滤波的秒数。

➢ 场景检测：勾选该复选框后，可进行场景检测。

➢ 更多选项：展开该效果，可以对素材文件的阴影、高光、中间调等参数进行调整。

➢ 与原始图像混合：控制素材的混合程度。

8.4 设置颜色校正效果

"颜色校正"类效果可对素材的颜色进行细致校正，其中包含了"ASC CDL""Lumetri颜色""亮度与对比度""保留颜色""均衡""更改为颜色""更改颜色""视频限制器""通道混合器""颜色平衡""颜色平衡（HLS）"等12种效果，如图8-75所示。

图8-75

8.4.1 ASC CDL

"ASC CDL"效果可对素材文件进行红、绿、蓝3种色相及饱和度的调整。为素材添加"ASC CDL"效果后，在"效果控件"面板中可对该效果的相关参数进行调整，如图8-76所示。

参数介绍如下。

➢ 红色斜率：调整素材文件中红色数量的斜率值。

➢ 红色偏移：调整素材文件中红色数量的偏移程度。

- ➢ 红色功率：调整素材文件中红色数量的功率大小。
- ➢ 绿色斜率：调整素材文件中绿色数量的斜率值。
- ➢ 绿色偏移：调整素材文件中绿色数量的偏移程度。
- ➢ 绿色功率：调整素材文件中绿色数量的功率大小。
- ➢ 蓝色斜率：调整素材文件中蓝色数量的斜率值。
- ➢ 蓝色偏移：调整素材文件中蓝色数量的偏移程度。
- ➢ 蓝色功率：调整素材文件中蓝色数量的功率大小。
- ➢ 饱和度：用来调整素材图像的饱和度。

图8-76

8.4.2　Lumetri颜色

"Lumetri颜色"效果可在通道中对素材文件进行颜色调整，其应用前后效果如图8-77所示。

图8-77

为素材添加"Lumetri颜色"效果后，在"效果控件"面板中可对该效果的相关参数进行调整，如图8-78所示。

图8-78

参数介绍如下。

- ➢ 高动态范围：勾选该复选框，可针对"Lumetri颜色"面板的HDR模式进行调整。
- ➢ 基本校正：可调整素材文件的色温、对比度、曝光程度等，其中包含了"白平衡""色调""饱和度"等参数可供调节。
- ➢ 创意：在勾选该选项下的"现用"复选框后可启用该效果。
- ➢ 曲线：包含了"现用""RGB曲线""HDR范围""色相饱和度曲线"等效果参数。
- ➢ 色轮和匹配：在勾选该选项下的"现用"复选框后可启用该效果。
- ➢ HSL辅助：对素材文件中颜色的调整具有辅助作用，其中包含了"键""色温""色彩""对比度""锐化""饱和度"等效果参数。
- ➢ 晕影：对素材文件中颜色"数量""中点""圆度""羽化"效果的调节。

8.4.3　亮度与对比度

"亮度与对比度"效果可以调整素材的亮度和对比度参数，其应用前后效果如图8-79所示。

图8-79

为素材添加"亮度与对比度"效果后，在"效果控件"面板中可对该效果的相关参数进行调整，如图8-80所示。

图8-80

参数介绍如下。

➤ 亮度：调节画面的明暗程度。

➤ 对比度：调节画面中颜色的对比度。

8.4.4 保留颜色

"保留颜色"效果可以选择一种想要保留的颜色，并将其他颜色的饱和度降低，其应用前后效果如图8-81所示。

图8-81

为素材添加"保留颜色"效果后，在"效果控件"面板中可对该效果的相关参数进行调整，如图8-82所示。

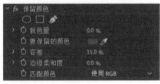

图8-82

参数介绍如下。

➤ 脱色量：设置色彩的脱色强度，数值越大饱和度越低。

➤ 要保留的颜色：选择素材中需要保留的颜色。

➤ 容差：设置画面中颜色差值范围。

➤ 边缘柔和度：设置素材文件的边缘柔和程度。

➤ 匹配颜色：用来设置颜色的匹配情况。

8.4.5　均衡

"均衡"效果可通过RGB、亮度、Photoshop样式自动调整素材的颜色,其应用前后效果如图8-83所示。

图8-83

为素材添加"均衡"效果后,在"效果控件"面板中可对该效果的相关参数进行调整,如图8-84所示。

图8-84

参数介绍如下。

➤ 均衡:设置画面中均衡的类型,在右侧下拉列表中包含了"RGB""亮度"和"Photoshop样式"选项。

➤ 均衡量:设置画面的曝光补偿程度。

8.4.6　更改为颜色

"更改为颜色"效果可将画面中的一种颜色变为另外一种颜色,其应用前后效果如图8-85所示。

图8-85

为素材添加"更改为颜色"效果后,在"效果控件"面板中可对该效果的相关参数进行调整,如图8-86所示。

图8-86

参数介绍如下。

➤ 自：从画面中选择一种目标颜色。

➤ 至：设置目标颜色所要替换的颜色。

➤ 更改：可设置更改的方式，在下拉列表中可选择"色相""色相和亮度""色相和饱和度""色相、亮度和饱和度"选项。

➤ 更改方式：设置颜色的变换方式，包含了"设置为颜色"和"变换为颜色"。

➤ 容差：可设置"色相""亮度"和"饱和度"的数值。

➤ 柔和度：控制颜色替换后的柔和程度。

➤ 查看校正遮罩：勾选该复选框后，会以黑白颜色出现"自"和"至"的遮罩效果。

8.4.7 实战——替换对象颜色

本例将为素材添加"更改为颜色"和"RGB曲线"效果，来对画面主体对象的颜色进行替换。

01 启动Premiere Pro 2020软件，按快捷键Ctrl+O，打开路径文件夹中的"苹果.prproj"项目文件。进入工作界面后，可以看到时间轴面板中已经添加好的素材，如图8-87所示。在"节目"监视器面板中可以预览当前素材效果，如图8-88所示。

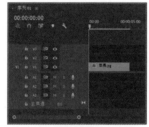

图8-87 图8-88

02 在"效果"面板中展开"视频效果"选项栏，选择"颜色校正"效果组中的"更改为颜色"选项，将其拖曳添加至"苹果.jpg"素材中，如图8-89所示。

图8-89

03 选择V1视频轨道上的"苹果.jpg"素材，在"效果控件"面板中展开"更改为颜色"选项栏，设置"自"为绿色，"至"为红色，"色相"为30%，"柔和度"为10%，如图8-90所示。此时得到的画面效果如图8-91所示。

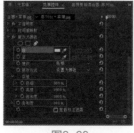

图8-90 图8-91

04 在"效果"面板中展开"视频效果"选项栏，选择"过时"效果组中的"RGB曲线"选项，将其拖曳添加至"苹果.jpg"素材中，如图8-92所示。

图8-92

05 选择V1视频轨道上的"苹果.jpg"素材，在"效果控件"面板中展开"RGB曲线"选项栏，在"主要"和"红色"曲线面板中添加控制点，并进行拖曳调整，如图8-93所示。

06 完成上述操作后，可在"节目"监视器面板中预览最终效果，如图8-94所示。

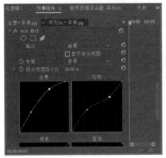

图8-93

图8-94

8.4.8　更改颜色

"更改颜色"效果与"更改为颜色"效果相似，同样可将对象的颜色进行更改替换，其应用前后效果如图8-95所示。

图8-95

为素材添加"更改颜色"效果后，在"效果控件"面板中可对该效果的相关参数进行调整，如图8-96所示。

参数介绍如下。

➤ 视图：设置校正颜色的类型。

➤ 色相变换：针对素材的色相进行调整。

➤ 亮度变换：针对素材的亮度进行调整。

➤ 饱和度变换：针对素材的饱和度进行调整。

图8-96

> 要更改的颜色：用来自定义要更改的颜色，通过该选项中的吸管工具可进行颜色吸取操作。
> 匹配容差：设置颜色与颜色之间的差值范围。
> 匹配柔和度：设置所更改颜色的柔和程度。
> 匹配颜色：用来设置颜色的匹配情况。
> 反转颜色校正蒙版：勾选该复选框后，可反转颜色校正蒙版。

8.4.9 通道混合器

"通道混合器"效果常用于修改画面中的颜色，通过将图像不同颜色的通道进行混合，达到调整颜色的目的，其应用前后效果如图8-97所示。

图8-97

为素材添加"通道混合器"效果后，在"效果控件"面板中可对该效果的相关参数进行调整，如图8-98所示。

参数介绍如下。

> 红色-红色、绿色-绿色、蓝色-蓝色：分别可以调整画面中红、绿、蓝通道的颜色数量。
> 红色-绿色、红色-蓝色：调整在红色通道中绿色所占的比例，以此类推。
> 绿色-红色、绿色-蓝色：调整在绿色通道中红色所占的比例，以此类推。
> 蓝色-红色、红色-蓝色：表示在蓝色通道中红色所占的比例，以此类推。
> 单色：勾选该复选框，素材文件将变为黑白效果。

图8-98

8.4.10 颜色平衡

"颜色平衡"效果可以调整素材中阴影红绿蓝、中间调红绿蓝和高光红绿蓝所占的比例，其应用前后效果如图8-99所示。

图8-99

为素材添加"颜色平衡"效果后，在"效果控件"面板中可对该效果的相关参数进行调整，如图8-100所示。

参数介绍如下。

- 阴影红色平衡、阴影绿色平衡、阴影蓝色平衡：调整素材中阴影部分的红、绿、蓝颜色平衡情况。
- 中间调红色平衡、中间调绿色平衡、中间调蓝色平衡：调整素材中间调部分的红、绿、蓝颜色平衡情况。
- 高光红色平衡、高光绿色平衡、高光蓝色平衡：调整素材中高光部分的红、绿、蓝颜色平衡情况。

图8-100

8.4.11　颜色平衡（HLS）

"颜色平衡（HLS）"效果可通过色相、亮度和饱和度等参数调节画面色调，其应用前后效果如图8-101所示。

图8-101

为素材添加"颜色平衡（HLS）"效果后，在"效果控件"面板中可对该效果的相关参数进行调整，如图8-102所示。

参数介绍如下。

- 色相：调整素材的颜色偏向。
- 亮度：调整素材的明亮程度，数值越大，画面灰度越高。
- 饱和度：调整素材的饱和度强度，数值为-100时为黑白效果。

图8-102

8.5　综合实战——人物肤色美白

在Premiere Pro中处理人像素材时，若想让人物肌肤看上去更加通透白皙，可通过为素材添加"Lumetri颜色"效果，来提升皮肤光感和亮度。下面就以实例的形式，为大家讲解在Premiere Pro中如何为人物肤色进行美白处理。

01　启动Premiere Pro 2020软件，按快捷键Ctrl+O，打开路径文件夹中的"人物.prproj"项目文件。进入工作界面后，可以看到时间轴面板中已经添加好的素材，如图8-103所示。在"节目"监视器面板中可以预览当前素材效果，如图8-104所示。

02　在"效果"面板中展开"视频效果"选项栏，选择"颜色校正"效果组中的"Lumetri颜色"选项，将其拖曳添加至"女孩.jpg"素材中，如图8-105所示。

图8-103   图8-104

图8-105

03 选择V1视频轨道上的"女孩.jpg"素材，在"效果控件"面板中展开"Lumetri颜色"选项栏，拖曳调整"曲线"参数下的"色相与饱和度"，如图8-106所示。

04 在"效果控件"面板中继续展开"Lumetri颜色"效果下的"基本校正"选项，对"白平衡"及"色调"相关参数进行调整，如图8-107所示。

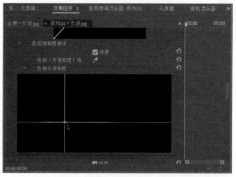

图8-106   图8-107

05 完成上述操作后，得到的图像效果如图8-108所示。

06 在时间轴面板中选择"女孩.jpg"素材，按Alt键拖曳复制素材至V2视频轨道，如图8-109所示。

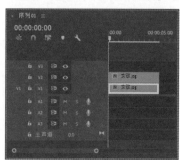

图8-108   图8-109

07 在"效果"面板中展开"视频效果"选项栏，选择"模糊与锐化"效果组中的"高斯模糊"选项，将其拖曳添加至V2轨道的"女孩.jpg"素材中，如图8-110所示。

图8-110

08 选择V2视频轨道上的"女孩.jpg"素材，在"效果控件"面板中展开"高斯模糊"选项栏，设置"模糊度"为50。接着，展开"不透明度"选项栏，设置"混合模式"为"滤色"，并设置"不透明度"为38%，如图8-111所示。

09 完成上述操作后，可在"节目"监视器面板中预览最终效果，如图8-112所示。

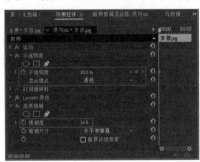

图8-111　　　　　　　　　　图8-112

8.6　本章小结

　　本章介绍了视频颜色校正与调整的基础知识，以及Premiere Pro 2020中的图像控制效果、过时类效果、颜色校正类效果的具体应用。掌握Premiere Pro中不同类型调色效果应用方法，可以帮助我们在进行视频处理工作时，游刃有余地将画面处理为想要的色调和效果，实现作品风格的多样性。

字幕的创建与编辑是影视编辑处理软件中的一项基本功能，字幕除了可以帮助影片更好地展现相关内容信息外，还可以起到美化画面、表现创意的作用。Premiere Pro 2020为用户提供了制作影视作品所需的大部分字幕功能，让用户在无需脱离Premiere Pro工作环境的情况下，能够实现不同类型字幕的制作。

本章重点

⊙ 创建字幕的几种方法   ⊙ 字幕素材的编辑

⊙ 制作滚动字幕   ⊙ 为字幕添加样式

本章效果欣赏

9.1 创建字幕

在Premiere Pro 2020中，用户可以通过创建字幕剪辑，来制作需要添加到影片画面中的文字信息。下面为大家介绍在Premiere Pro 2020中创建字幕的几种方法。

9.1.1　使用新版字幕进行创建

自Premiere Pro CC 2017版本开始，菜单栏中的"字幕"菜单变为了"图形"菜单，并在工具箱中新增了"文字工具"按钮T。在工具箱中单击"文字工具"按钮T，然后在"节目"监视器面板中单击并键入文本，即可在画面中创建字幕，如图9-1所示，这种方式操作起来非常简单便捷。

图9-1

在默认状态下，创建字幕的字体颜色为白色，若要对文字的颜色等属性进行更改，则选择轨道上的字幕素材，在"效果控件"面板中展开"文本"属性栏，在其中对文字的属性进行调整，如图9-2所示。

图9-2

此外，还可以执行"窗口"|"基本图形"命令，如图9-3所示，打开"基本图形"面板，在"编辑"选项卡中可对文字的参数及属性进行设置，如图9-4所示。

图9-3

图9-4

9.1.2 通过"旧版标题"选项创建字幕

用户如果需要按旧版模式创建字幕，需执行"文件"|"新建"|"旧版标题"命令，如图9-5所示，弹出"新建字幕"对话框，在其中可设置字幕名称、像素长宽比和时基等参数，如图9-6所示。单击"确定"按钮，即可打开"旧版标题设计器"（也可以称为"字幕"面板）进行字幕编辑。

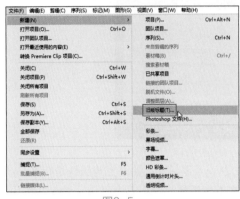

图9-5　　　　　　　　　　　　　　　　图9-6

> **提示** 旧版标题创建方式在创建字幕的同时，可以在标题设计器中使用钢笔工具或形状工具绘制形状，这种创建方式更加符合Premiere Pro老用户的使用习惯。

9.1.3 创建隐藏式字幕

隐藏式字幕，也称为CC字幕，即Closed Caption的简称，一般这种类型的字幕是为听力有障碍或者无音条件下观看节目的观众所准备的。在Premiere Pro 2020中创建隐藏式字幕的方法大致有以下几种。

1. 通过菜单命令创建字幕

执行"文件"|"新建"|"字幕"命令，如图9-7所示，弹出"新建字幕"对话框，如图9-8所示，用户可以在该对话框中自行设置字幕类型，并进行相关参数设置，单击"确定"按钮，即可在"项目"面板中生成对应的字幕素材。

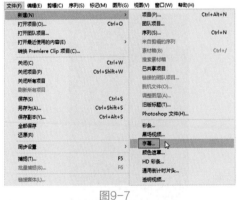

图9-7　　　　　　　　　　　　　　　　图9-8

2. 通过"新建项"按钮创建字幕

在Premiere Pro 2020工作界面中，单击"项目"面板右下角的"新建项"按钮，在弹出的列表中执行"字幕"命令，如图9-9所示。弹出如图9-8所示的"新建字幕"对话框，在其中完成参数设置后，单击"确定"按钮，即可创建所需字幕文件。

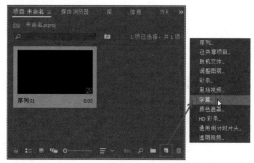

图9-9

3. 在"项目"面板中创建字幕

在"项目"面板的空白处右击，在弹出的快捷菜单中选择"新建项目"|"字幕"选项，如图9-10所示，即可弹出如图9-8所示"新建字幕"对话框，在其中完成参数设置后，单击"确定"按钮，即可创建所需字幕文件。

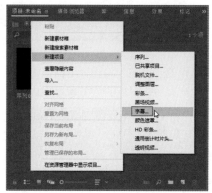

图9-10

9.1.4　实战——创建并添加字幕

下面将以实例的形式，为大家演示如何在项目中创建并添加字幕。

01 启动Premiere Pro 2020软件，按快捷键Ctrl+O，打开路径文件夹中的"添加字幕.prproj"项目文件。进入工作界面后，可以看到时间轴面板中已经添加好的背景图像素材，如图9-11所示。在"节目"监视器面板中可以预览当前素材效果，如图9-12所示。

图9-11

图9-12

02 执行 "文件" | "新建" | "旧版标题" 命令，弹出 "新建字幕" 对话框，保持默认设置，单击 "确定" 按钮，如图9-13所示。

03 弹出 "字幕" 面板，在 "文字工具" 按钮选中状态下，在工作区域合适的位置单击，并输入文字 "享受阅读"。然后选中文字对象，在右侧的 "旧版标题属性" 面板中设置字体、颜色等参数，如图9-14所示。

图9-13

图9-14

04 完成字幕设置后，单击面板右上角的 "关闭" 按钮，返回工作界面。此时在 "项目" 面板中已生成了字幕素材，将该素材拖曳添加至时间轴面板的V2视频轨道中，如图9-15所示。

图9-15

05 至此，就完成了字幕的创建和添加工作。添加字幕前后的画面效果如图9-16所示。

图9-16

提示 在创建字幕素材后，若想对字幕参数进行调整，可在 "项目" 面板中双击字幕素材，即可再次打开 "字幕" 面板进行参数调整。

9.2　字幕素材的编辑

在创建字幕时，必然会用到"标题设计器"，即"字幕"编辑面板，如图9-17所示，工作区域是指制作文字及图案的显示界面，在其上方为字幕栏，左侧为工具箱和字幕动作栏，右侧为旧版标题属性栏，下方为旧版标题样式栏。

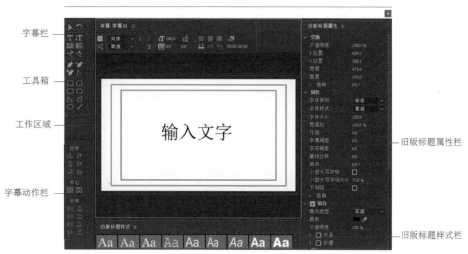

图9-17

9.2.1　字幕栏

在"字幕"面板中，可基于当前字幕新建字幕、设置字幕滚动、字体大小和对齐方式等。字幕栏在默认情况下位于工作区域的上方，如图9-18所示。

图9-18

参数介绍如下。

➤ **字幕:字幕01** 字幕列表：在不关闭"字幕"面板的情况下，可单击 按钮，在弹出的快捷菜单中对字幕进去切换编辑。

➤ 基于当前字幕新建字幕：在当前字幕的基础上创建一个新的"字幕"面板。

➤ 滚动/游动选项：单击该按钮，可弹出"滚动/游动选项"对话框，如图9-19所示，在其中可设置字幕的类型、滚动方向和时间帧等参数。

"滚动/游动选项"对话框中各参数介绍如下。

➤ 静止图像：字幕不产生运动效果。

➤ 滚动：设置字幕沿垂直方向滚动。勾选"开始于屏幕外"和"结束于屏幕外"复选框后，字幕将从下向上滚动。

➤ 向左游动：字幕沿水平方向左滚动。

图9-19

> ➤ 向右游动：字幕沿水平方向右滚动。
> ➤ 开始于屏幕外：勾选该复选框，字幕从屏幕外开始进入工作区域。
> ➤ 结束于屏幕外：勾选该复选框，字幕从工作区域中滚动到屏幕外结束。
> ➤ 预卷：设置字幕滚动的开始帧数。
> ➤ 缓入：方框中的数值表示字幕开始运动后，多少帧内的运动速度是由慢到快的。
> ➤ 缓出：方框中的数值表示字幕结束运动前，多少帧内的运动速度是由快到慢的。
> ➤ 过卷：设置字幕滚动的结束帧数。
> ➤ 宋体 字体：设置字体系列。
> ➤ 常规 字体类型：设置字体的样式。
> ➤ 字体大小：设置文字字号的大小。
> ➤ 字偶间距：设置文字之间的间距。
> ➤ 行距：设置每行文字之间的间距。
> ➤ 左对齐、居中、右对齐：设置文字的对齐方式。
> ➤ 显示背景视频：单击该按钮，可显示或隐藏背景图像。

9.2.2 工具箱

工具箱中包括选择文字、制作文字、编辑文字和绘制图形的基本工具。在默认情况下，工具箱在工作区域的左侧，如图9-20所示。

工具介绍如下。

> ➤ 选择工具：用于在工作区域中选择、移动、缩放对象，配合Shift键，可以同时选择多个对象。
> ➤ 旋转工具：用于对文本或图形对象进行旋转操作，如图9-21所示。

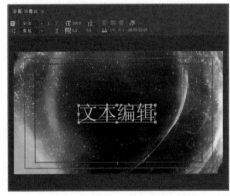
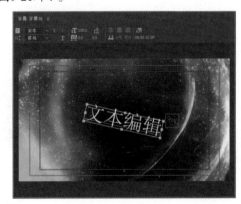

图9-20　　　　　　　　　　　　　　　　　　　　图9-21

> ➤ 文字工具：用于输入水平方向的文字。
> ➤ 垂直文字工具：用于输入垂直方向的文字。
> ➤ 区域文字工具：用于输入水平方向的多行文本。
> ➤ 垂直区域文字工具：用于输入垂直方向的多行文本。
> ➤ 路径文字：使用该工具，可以创建出沿路径弯曲且平行于路径的文本。
> ➤ 垂直路径文字：使用该工具，可以创建出沿路径弯曲且垂直于路径的文本。
> ➤ 钢笔工具：用于绘制和调整路径曲线。
> ➤ 添加锚点工具：用于在所选曲线路径或文本路径上增加锚点。
> ➤ 删除锚点工具：用于删除曲线路径和文本路径上的锚点。

➤ ▶转换锚点工具：使用该工具单击路径上的锚点，可以对锚点进行调整。

➤ ▢矩形工具：用于在工作区域中绘制矩形，如图9-22所示。按住Shift键的同时拖动鼠标，可以绘制
正方形，如图9-23所示。

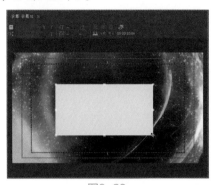

| 图9-22 | 图9-23 |

➤ ▢圆角矩形工具：用于在工作区域中绘制圆角矩形，使用方法与矩形工具一致。

➤ ◖切角矩形工具：用于在工作区域中绘制切角矩形。

➤ ◖圆边矩形工具：用于在工作区域中绘制边角为圆形的矩形。

➤ ◤楔形工具：用于在工作区域中绘制三角形。

➤ ◹弧形工具：用于在工作区域中绘制弧形。

➤ ◯椭圆形工具：用于在工作区域中绘制椭圆形。

➤ ╱直线工具：用于在工作区域中绘制直线线段。

提示 在绘制图形时，如果按住Shift键，可以保持图形的长宽比；按住Alt键，可以从图形的中心位置绘制。另外，在使用"钢笔工具"绘制图形时，路径上的控制点越多，图形的形状会越精细，但过多的控制点不利于后期修改，因此建议控制点在不影响效果的情况下，尽可能减少。

9.2.3　字幕动作栏

在字幕动作栏中可针对多个字幕或形状进行对齐与分布设置。字幕动作栏在默认情况下位于工具箱下方，如图9-24所示。

功能按钮介绍如下。

在"对齐"选项组中可以对全选的多个对象进行排列位置的对齐调整。

➤ ▦水平靠左：使所选对象在水平方向上靠左边对齐。

➤ ▍垂直靠上：使所选对象在垂直方向上靠顶部对齐。

➤ ▦水平居中：使所选对象在水平方向上居中对齐。

➤ ▍垂直居中：使所选对象在垂直方向上居中对齐。

➤ ▦水平靠右：使所选对象在水平方向上靠右边对齐。

➤ ▍垂直靠下：使所选对象在垂直方向上靠底部对齐。

在"中心"选项组中可以调整对象的位置。

➤ ▣垂直居中：移动对象使其垂直居中。

➤ ▣水平居中：移动对象使其水平居中。

图9-24

在"分布"组中可以使选中的对象按一定的方式进行分布。

- ➢ **水平靠左**：对多个对象进行水平方向上的左对齐分布，并且每个对象左边缘之间的间距相同。
- ➢ **垂直靠上**：对多个对象进行垂直方向上的顶部对齐分布，并且每个对象上边缘之间的间距相同。
- ➢ **水平居中**：对多个对象进行水平方向上的居中均匀对齐分布。
- ➢ **垂直居中**：对多个对象进行垂直方向上的居中均匀对齐分布。
- ➢ **水平靠右**：对多个对象进行水平方向上的右对齐分布，并且每个对象右边缘之间的间距相同。
- ➢ **垂直靠下**：对多个对象进行垂直方向上的底部对齐分布，并且每个对象下边缘之间的间距相同。
- ➢ **水平等距间隔**：对多个对象进行水平方向上的均匀分布对齐。
- ➢ **垂直等距间隔**：对多个对象进行垂直方向上的均匀分布对齐。

9.2.4 实战——制作滚动字幕

在"字幕"面板中，用户可以自行创建字幕，并可以根据需求赋予字幕不同的字体、填充颜色、描边颜色、动效等特性。下面以实例的形式，为大家讲解如何在项目中创建滚动字幕效果。

01 启动Premiere Pro 2020软件，按快捷键Ctrl+O，打开路径文件夹中的"滚动字幕.prproj"项目文件。进入工作界面后，可以看到时间轴面板中已经添加好的背景图像素材，如图9-25所示。在"节目"监视器面板中可以预览当前素材效果，如图9-26所示。

图9-25   图9-26

02 执行"文件"|"新建"|"旧版标题"命令，弹出"新建字幕"对话框，保持默认设置，如图9-27所示，单击"确定"按钮。

03 打开路径文件夹中的文本文档，复制文本内容。进入"字幕"面板中，在"文字工具"按钮**T**选中状态下，在工作区域单击，然后按快捷键Ctrl+V粘贴复制的文本内容，如图9-28所示。

图9-27   图9-28

提示 部分创建的文字不能正常显示，是由于当前的字体类型不支持该文字的显示，替换合适的字体后即可正常显示。

04 然后选中文字对象，在右侧的"旧版标题属性"面板中设置字体、行距和填充颜色等参数，并将文字摆放至合适位置，如图9-29所示。

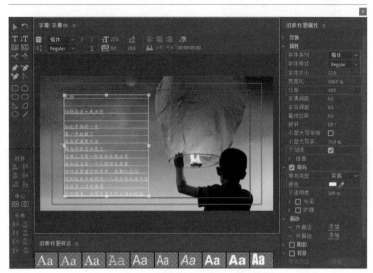

图9-29

05 单击"字幕"面板上方的"滚动/游动选项"按钮，弹出"滚动/游动选项"对话框，将"字幕类型"设置为"滚动"，勾选"开始于屏幕外"复选框，在"过卷"下的文本框中输入数值125，如图9-30所示，单击"确定"按钮，完成设置。

图9-30

06 关闭"字幕"面板，回到Premiere Pro工作界面。将"项目"面板中的"字幕01"素材拖曳添加至时间轴面板的V2视频轨道中，如图9-31所示。

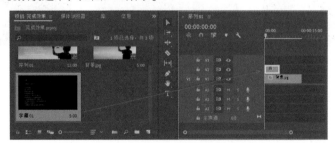

图9-31

07 在时间轴面板中右击"字幕01"素材，在弹出的快捷菜单中选择"速度/持续时间"选项，弹出"剪辑速度/持续时间"对话框，修改"持续时间"为00:00:12:00，如图9-32所示，单击"确定"按钮。

08 上述操作完成后，时间轴面板中的"字幕01"素材的时长将与V1轨道的"背景.jpg"素材一致，如图9-33所示。

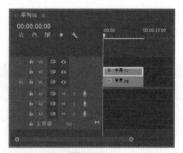

图9-32　　　　　　　　　　　　　　图9-33

09 在"节目"监视器面板中可预览最终的字幕效果，如图9-34所示。

图9-34

9.2.5　旧版标题属性

"旧版标题属性"主要用于更改文字或形状的参数。"旧版标题属性"面板在默认情况下，位于工作区域的右侧，如图9-35所示。

1. 变换

"变换"选项主要用于设置字幕的不透明度、位置、高度、宽度和旋转等参数，如图9-36所示。

图9-35

图9-36

参数介绍如下。

➢ 不透明度：选中对象后，针对不透明度参数进行调整。

➢ X位置：选中对象后，设置对象在X轴上的位置。

➢ Y位置：与X位置相对，选中对象后，设置对象在Y轴上的位置。

➢ 宽度：设置所选对象的水平宽度数值。

➢ 高度：设置所选对象的垂直高度数值。

➢ 旋转：设置所选对象的旋转角度。

2. 属性

"属性"选项用于"字体系列""字体大小""行距""字偶间距""倾斜"等参数的设置，如图9-37所示。

图9-37

参数介绍如下。

- 字体系列：设置文字的字体。
- 字体样式：设置文字的字体样式。
- 字体大小：设置文字的大小。
- 宽高比：设置文字的长度和宽度的比例。
- 行距：设置文字的行间距或列间距。
- 字偶字距：用来增加或减少特定字符之间的距离。在未选中所有文字对象的情况下，仅作用于当前光标左右的字符。
- 字符间距：用来加宽或缩进所选文字对象之间的距离。
- 基线位移：用来调整文字的基线位置。
- 倾斜：调整文字倾斜度。
- 小型大写字母：针对小写的英文字母进行调整。
- 小型大写字母大小：针对字母大小进行调整。
- 下画线：为选择文字添加下画线。
- 扭曲：将文字进行X轴或Y轴方向的扭曲变形。

3. 填充

在默认情况下，对象的填充颜色为灰色，"填充"选项主要用于文字及形状内部的填充处理，如图9-38所示。

图9-38

参数介绍如下。

- 填充类型：可以设置颜色在文字或图形中的填充类型。其中包括"实底""线性渐变""径向渐变"等7种类型，如图9-39所示。

  图9-39

  - 实底：可以为文字或图形对象填充单一的颜色。
  - 线性渐变：两种颜色以垂直或水平方向进行的混合性渐变，并可在"填充"选项面板中调整渐变颜色的透明度和角度。
  - 径向渐变：两种颜色由中心向四周发生混合渐变。
  - 四色渐变：为文字或图形填充4种颜色混合的渐变。并针对单独的颜色进行"不透明度"设置。
  - 斜面：选中文字或图形对象，调节参数，可为对象添加阴影效果。

■ 消除：选择"消除"选项后，可删除文字中的填充内容。

■ 重影：去除文字的填充，与"消除"选项相似。

➢ 光泽：勾选该复选框，可以为工作区中的文字或图案添加光泽效果，如图9-40所示。

图9-40

■ 颜色：设置添加光泽的颜色。

■ 不透明度：设置添加光泽的不透明度。

■ 大小：设置添加光泽的高度。

■ 角度：对光泽的角度进行设置。

■ 偏移：设置光泽在文字或图案上的位置。

➢ 纹理：勾选该复选框，为文字添加纹理效果，如图9-41所示。

图9-41

■ 纹理：单击"纹理"右侧的按钮，即可在弹出的"选择纹理图像"对话框中选择一张图片作为纹理元素进行填充。

■ 随对象翻转：勾选该复选框，填充的图会随着文字的翻转而翻转。

■ 随对象旋转：与"随对象翻转"的用法相同。

■ 缩放：选择文字后，在"缩放"组下调整参数，即可对纹理的大小进行调整。

■ 对齐：与"缩放"选项相似，同为调整纹理的位置。

■ 混合：可进行"填充键"混合和"纹理键"混合。

4. 描边

"描边"选项用于文字或形状的描边处理，可分为内部描边和外部描边两种，如图9-42所示。

图9-42

参数介绍如下。

➢ 内描边：为文字内侧添加描边效果。

➢ 类型：包括"深度""边缘""凹进"这3种类型。

➢ 大小：用来设置描边宽度。

➢ 外描边：为文字外侧添加描边效果，与"内描边"用法相同。

5. 阴影

"阴影"选项可以为文字及图形对象添加阴影效果，如图9-43所示。

图9-43

参数介绍如下。

- ➤ 颜色：设置阴影的颜色。
- ➤ 不透明度：设置阴影的不透明度。
- ➤ 角度：设置阴影的角度。
- ➤ 距离：设置阴影与文字或图案之间的距离。
- ➤ 大小：设置阴影的大小。
- ➤ 扩展：设置阴影的模糊程度。

6. 背景

"背景"选项可针对工作区域的背景部分进行更改处理，如图9-44所示。

图9-44

参数介绍如下。

- ➤ 填充类型：其中类型与"填充"选项中的类型相同。
- ➤ 颜色：设置背景的填充颜色。
- ➤ 不透明度：设置背景填充色的不透明度。

9.2.6 旧版标题样式

"旧版标题样式"面板位于工作区域的底部，可以直接选择应用，或通过菜单命令应用一个样式中的部分内容，还可以自定义新的字幕样式或导入外部样式文件。字幕样式是编辑好了的字体、填充色、描边以及投影等效果的预设样式，如图9-45所示。

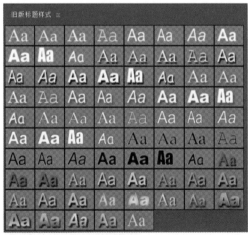

图9-45

在"旧版标题样式"面板中包含了很多种样式类型，在样式库的空白区域右击，弹出如图9-46所示的快捷菜单，此时可对样式库进行各类操作；若在样式上右击，则弹出如图9-47所示的快捷菜单，此时可以对样式进行相应操作。要为字幕对象应用样式，只需选中文字对象，再单击样式库中的某个样式，即可为对象添加该样式。

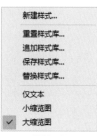

图9-46　　　　　　　　　　图9-47

参数介绍如下。

➤ 新建样式：将用户自定义的字幕样式添加到样式库中，以便重复使用。

➤ 重置样式库：将样式库中的样式恢复到默认字幕样式库状态。

➤ 追加样式库：将保存的字幕样式添加到"字幕样式"面板中。

➤ 保存样式库：将当前面板中的样式保存为样式库文件。

➤ 替换样式库：用所选样式库中的样式替换当前的样式。

➤ 应用样式：选择"字幕编辑"面板中的字幕对象，然后单击字幕样式库中想用的样式，即可为对象应用该样式。

➤ 应用带字体大小的样式：为对象应用该样式，并应用该样式的字体大小属性。

➤ 仅应用样式颜色：只为字幕对象应用该样式的颜色属性。

➤ 复制样式：将选择的样式复制一份。

➤ 删除样式：将选中的样式删除。

➤ 重命名样式：将选中的样式进行重新命名。

单击"旧版标题样式"面板右上角的■按钮，弹出如图9-48所示的快捷菜单，在其中可以进行"新建样式""应用样式""重置样式库"等操作。

参数介绍如下。

➤ 关闭面板：执行该命令，可以将"旧版标题样式"面板隐藏。

➤ 浮动面板：可将"字幕"面板中的各个模块进行重组拆分调整。

➤ 新建样式：可在"旧版标题样式"中新建样式，并可以在弹出的对话框中设置相应的名称，如图9-49所示。

图9-48　　　　　　　　图9-49

➤ 应用样式：可对文字进行样式设置。

➤ 应用带字体大小的样式：选择文字对象后，执行该命令，可应用该样式的全部属性。

➤ 仅应用样式颜色：针对该样式的颜色进行应用。

➢ 复制样式：选择某样式后，执行该命令，可对样式进行复制。

➢ 删除样式：选择不需要的样式，执行该命令，可将样式删除。

➢ 重命名样式：对样式进行重命名处理。

➢ 重置样式库：执行该命令，样式库将进行还原。

➢ 追加样式库：添加样式种类，选中要添加的样式，单击打开即可进行追加。

➢ 保存样式库：将样式库进行保存。

➢ 替换样式库：打开一个新的样式库，并替换原有的样式库。

➢ 仅文本：执行该命令，样式库中只显示样式的名称。

➢ 小缩览图、大缩览图：设置样式库中样式图标的显示大小。

9.2.7　实战——为字幕添加样式

在"字幕"面板的工作区域输入文本内容后，为文字对象应用"旧版标题样式"面板中的文字样式，可以有效地简化创作流程，帮助用户快速获取完整的文字效果。

01 启动Premiere Pro 2020软件，按快捷键Ctrl+O，打开路径文件夹中的"添加样式.prproj"项目文件。进入工作界面后，可以看到时间轴面板中已经添加好的背景图像素材，如图9-50所示。在"节目"监视器面板中可以预览当前素材效果，如图9-51所示。

图9-50　　　　　　　　　　　　图9-51

02 执行"文件"|"新建"|"旧版标题"命令，弹出"新建字幕"对话框，保持默认设置，如图9-52所示，单击"确定"按钮。

03 弹出"字幕"面板，在"文字工具"按钮T选中状态下，在工作区域的合适位置单击并输入文字"圣诞节快乐"，如图9-53所示。

图9-52　　　　　　　　　　　　图9-53

04 使用"选择工具"▶选中文字对象，在"旧版标题属性"面板中设置文字的字体和大小参数，如图9-54所示，将文字移动到合适位置，此时得到的效果如图9-55所示。

图9-54

图9-55

05 在文字对象选中状态下，在"旧版标题样式"面板中右击"Arial Bold Italic blue depth"样式，在弹出的快捷菜单中选择"仅应用样式颜色"选项，如图9-56所示。

06 完成上述操作后，样式的颜色被应用到文字对象上，效果如图9-57所示。

图9-56

图9-57

07 关闭"字幕"面板，回到Premiere Pro工作界面。将"项目"面板中的"字幕01"素材拖曳添加至时间轴面板的V2视频轨道中，如图9-58所示。

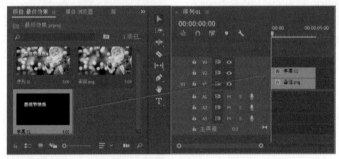
图9-58

08 至此，就完成了字幕的创建及样式的添加。添加字幕前后的画面效果如图9-59所示。

图9-59

9.3　综合实战——动效电影海报

本例主要通过在"字幕"面板中创建文字及形状，并结合"效果"面板中的特殊效果及关键帧的运用，来制作动效电影海报。

01 启动Premiere Pro 2020软件，按快捷键Ctrl+O，打开路径文件夹中的"海报.prproj"项目文件。进入工作界面后，可以看到时间轴面板中已经添加好的背景图像素材，如图9-60所示。在"节目"监视器面板中可以预览当前素材效果，如图9-61所示。

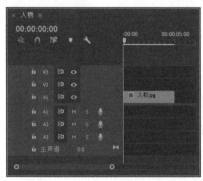

图9-60　　　　　　　　　　　　　　　图9-61

02 执行"文件"|"新建"|"旧版标题"命令，弹出"新建字幕"对话框，保持默认设置，如图9-62所示，单击"确定"按钮。

03 弹出"字幕"面板，在工具箱中选择"钢笔工具"，然后在工作区域的左上角位置单击，建立锚点，如图9-63所示。

04 在图像上方继续添加锚点，并拖曳绘制波浪形曲线，如图9-64所示。

05 选择图形对象，在右侧的"旧版标题属性"面板中设置"图形类型"为"填充贝塞尔曲线"，"填充类型"为"线性渐变"，设置"颜色"为黑灰色渐变，如图9-65所示。

图9-62

图9-63　　　　　　　　　图9-64　　　　　　　　　图9-65

06 完成上述操作后，关闭"字幕"面板，回到Premiere Pro工作界面。将"项目"面板中的"字幕01"素材拖曳添加至时间轴面板的V2视频轨道中，如图9-66所示。

07 执行"文件"|"新建"|"旧版标题"命令，弹出"新建字幕"对话框，保持默认设置，如图9-67所示，单击"确定"按钮。

图9-66   图9-67

08 弹出 "字幕" 面板，在 "文字工具" 按钮 T 选中状态下，在工作区域的合适位置单击并输入文字 "Movie"，并在右侧 "旧版标题属性" 面板中设置字体及字体大小等参数，如图9-68所示。

图9-68

09 在工具箱中选择 "垂直文字工具" T，在工作区域的合适位置单击并输入文字 "2020"，并在右侧 "旧版标题属性" 面板中设置字体及文字大小等参数，如图9-69所示。

10 用同样的操作方法，在画面中输入新的文字，并进行排版，使画面更加饱满，效果如图9-70所示。

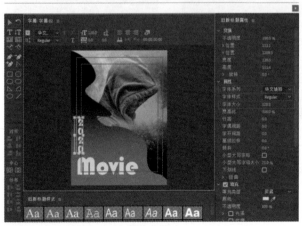

图9-69   图9-70

11 关闭"字幕"面板，回到Premiere Pro工作界面。将"项目"面板中的"字幕02"素材拖曳添加至时间轴面板的V3视频轨道中，如图9-71所示。

图9-71

12 在"效果"面板中展开"视频过渡"选项栏，选择"内滑"效果组中的"带状内滑"选项，将其拖曳添加至时间轴面板中的"人物.jpg"和"字幕01"素材前端，如图9-72所示。

图9-72

13 为素材添加过渡效果后，可在"节目"监视器面板中预览当前图像效果，如图9-73所示。

14 在时间轴面板中选择"字幕02"素材，进入"效果控件"面板，将当前时间设置为00:00:01:06，单击"不透明度"属性后的"添加/移除关键帧"按钮，在当前时间点创建第一个关键帧，如图9-74所示。

图9-73

图9-74

15 调整播放指示器位置，将当前时间设置为00:00:01:10，然后修改"不透明度"数值为0%，此时会自动创建第二个关键帧，如图9-75所示。

16 用同样的方法，继续调整时间点，并在下一时间点分别修改"不透明度"数值为100%、0%、100%……创建多个关键帧，如图9-76所示，使对象产生连续的闪烁效果。

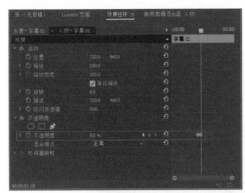

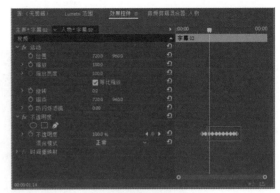

图9-75　　　　　　　　　　　　　　　　图9-76

17 在"节目"监视器面板中预览最终的视频效果，如图9-77所示。

图9-77

9.4　本章小结

　　本章介绍了字幕的创建与应用，内容包括创建字幕素材的多种方法，以及"字幕"面板中字幕栏、工具箱、字幕动作栏、样式库等区域的介绍。在各类电视节目和影视创作中，字幕是不可缺少的元素，它不仅可以快速传递作品信息，同时也能起到美化版面的作用，使传达的信息更加直观深刻。希望大家能熟练掌握字幕处理的各项技能，在日后创作出更多优质的影视作品。

一部完整的作品通常包括图像和声音，声音在影视作品中可以起到解释、烘托、渲染气氛和感染力、增强影片的表现力等作用。前面的章节讲解的都是影视作品中图像方面的效果处理，本章将介绍Premiere Pro 2020中音频效果的编辑与应用。

本章重点

◉ 调整音频的持续时间 　　　　◉ 使用"音频剪辑混合器"
◉ 音频效果的应用 　　　　　　◉ 音频过渡效果的应用

本章效果欣赏

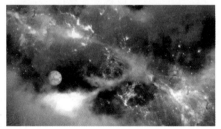

10.1　关于音频效果

　　Premiere Pro 2020具有强大的音频编辑处理能力，通过"音频剪辑混合器"面板，如图10-1所示，可以很方便地编辑与控制声音。其中具备的声道处理能力，以及实时录音功能、音频素材和音频轨道的分离处理概念，也使得Premiere Pro 2020中的音效编辑工作更为轻松便捷。

图10-1

10.1.1 音频效果的处理方式

首先简要介绍一下Premiere Pro 2020对音频效果的处理方式。在"音频剪辑混合器"面板中可以看到音频轨道分为两个通道，即左（L）声道和右（R）声道，如果音频素材的声音所使用的是单声道，就可以在Premiere Pro 2020中对其声道效果进行改变；如果音频素材使用的是双声道，则可以在两个声道之间实现音频特有的效果。另外，在声音的效果处理上，Premiere Pro 2020为用户提供了多种处理音频的特殊效果，这些特效跟视频特效一样，能够产生不同的效果，可以很方便地将其添加到音频素材上，并能转化成帧，方便对其进行编辑与设置。

10.1.2 音频处理顺序

在Premiere Pro 2020中需要根据一定的顺序来处理音频，比如按次序添加音频特效，Premiere Pro会对序列中所应用的音频特效进行优先处理，等这些音频特效处理完了，再对"音频剪辑混合器"面板的音频轨道中所添加的摇移或者增益进行调整。

大家一般可以按照以下两种操作方法，来对素材的音频增益进行调整。

➤ 在时间轴面板中选择音频素材，执行"剪辑"|"音频选项"|"音频增益"命令，如图10-2所示，然后在弹出的"音频增益"对话框中调整增益数值，如图10-3所示。

图10-2   图10-3

➤ 在时间轴面板中选择音频素材，右击，在弹出的快捷菜单中选择"音频增益"选项，如图10-4所示，然后在弹出的"音频增益"对话框中调整增益数值。

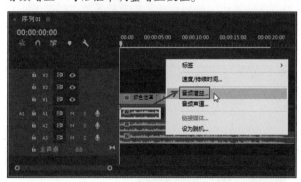

图10-4

> **提示** 在"音频增益"对话框中，"调整增益值"参数的范围为-96db到96db。

10.1.3　实战——调整音频素材

在添加音频素材至时间轴面板后，可选中音频素材，执行音频调整命令，或在"效果控件"面板中对音频的各类参数进行调整，来得到想要的音频效果。下面为大家演示调整音频素材的操作方法。

01 启动Premiere Pro 2020软件，按快捷键Ctrl+O，打开路径文件夹中的"调整音频.prproj"项目文件。进入工作界面后，可以看到时间轴面板中已经添加好的素材，如图10-5所示。在"节目"监视器面板中可以预览当前素材效果，如图10-6所示。

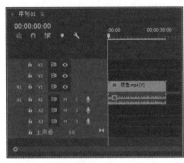

图10-5　　　　　　　　　　　　　图10-6

02 在时间轴面板中选择"夜色.mp4"素材，执行"剪辑"|"音频选项"|"音频增益"命令，如图10-7所示。

03 弹出"音频增益"对话框，在其中设置"调整增益值"参数为5，如图10-8所示，完成后单击"确定"按钮。

图10-7　　　　　　　　　　　　　图10-8

04 选择"夜色.mp4"素材，在"效果控件"面板中展开"音量"属性栏。在00:00:00:00时间点，修改"级别"数值为-280db，将自动添加一个关键帧，如图10-9所示。

05 调整播放指示器位置，将当前时间设置为00:00:01:15，然后修改"级别"数值为0db，如图10-10所示。

图10-9　　　　　　　　　　　　　图10-10

06 完成上述操作后，可在"节目"监视器面板中可预览音频效果。

10.2　音频基本调节

在Premiere Pro 2020中进行音频效果编辑前，先详细介绍有关音频编辑与应用的一些知识要点。

10.2.1　音频轨道

在Premiere Pro 2020的时间轴面板中有两种类型的轨道，即视频轨和音频轨，音频轨道位于视频轨道的下方，如图10-11所示。

将带有音频的视频素材从"项目"面板拖入时间轴面板时，Premiere Pro 2020会自动将素材中的音频放到相应的音频轨道上，如果把视频剪辑放在V1视频轨道上，则剪辑中的音频会被自动放置在A1音频轨道上，如图10-12所示。

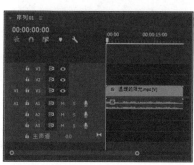

图10-11　　　　　　　　　　　　　　　图10-12

在时间轴面板中处理素材时，用户可以使用"剃刀工具" ◈来分割视频剪辑，操作时，与该剪辑链接在一起的音频素材会被同时分割，如图10-13所示。若不想视音频素材同时被分割，则可以选择视频剪辑素材，执行"剪辑"|"取消链接"命令；或者右击视频剪辑素材，在弹出的快捷菜单中选择"取消链接"选项，如图10-14所示，可以使剪辑中的视频跟音频断开链接。

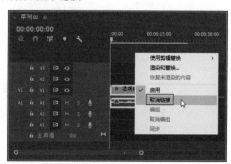

图10-13　　　　　　　　　　　　　　　图10-14

10.2.2　调整音频持续时间

音频的持续时间就是指音频的入点和出点之间的素材持续时间，因此可以通过改变音频的入点或者出点位置来调整音频的持续时间。在时间轴面板中，使用"选择工具" ▶直接拖动音频的边缘，以改变音频轨道上音频素材的长度，如图10-15所示。

此外，用户还可以右击时间轴面板中的音频素材，在弹出的快捷菜单中选择"速度/持续时间"选项，如图10-16所示，在弹出的"剪辑速度/持续时间"对话框中调整音频的持续时间，如图10-17所示。

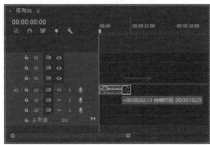
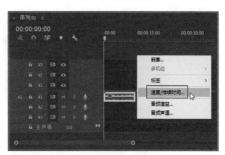

图10-15　　　　　　　　　　　图10-16　　　　　　　　　　图10-17

提示　　在"剪辑速度/持续时间"对话框中，还可通过调整音频素材的"速度"参数，来改变音频的持续时间，改变音频的播放速度后会影响音频的播放效果，音调会因速度的变化而改变。同时播放速度变化了，播放时间也会随之改变，需要注意的是这种改变与单纯改变音频素材的出、入点而改变持续时间是不同的。

10.2.3　音量的调整

在对音频素材进行编辑时，经常会遇到音频素材固有音量过高或者过低的情况，此时就需要对素材的音量进行调节，来满足项目制作需求。调节素材的音量有多种方法，下面为大家简单介绍两种调节音频素材音量的方法。

1. 通过"音频剪辑混合器"来调节音量

在时间轴面板中选择音频素材，然后在"音频剪辑混合器"面板中拖动相应音频轨道的音量调节滑块，如图10-18所示，向上拖动滑块为增大音量，向下拖动滑块为减小音量。

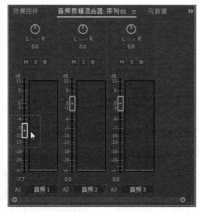

图10-18

提示　　每个音频轨道都有一个对应的音量调节滑块，滑块下方的数值栏中显示了当前音量，用户也可以通过单击数值，在文本框中手动输入数值来改变音量。

2. 在"效果控件"面板中调节音量

在时间轴面板中选择音频素材，在"效果控件"面板中展开素材的"音频"效果属性，然后通过设置"级别"参数值来调节所选音频素材的音量大小，如图10-19所示。

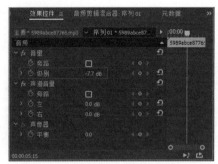

图10-19

在"效果控件"面板中，可以为所选择的音频素材参数设置关键帧，来制作音频关键帧动画。单击一个音频参数右侧的"添加/移除关键帧"按钮 ⬤，如图10-20所示，然后将播放指示器移动到下一时间点，调整音频参数值，Premiere Pro 2020会自动在该时间点添加一个关键帧，如图10-21所示。

图10-20

图10-21

10.2.4 实战——调整音频增益及速度

下面将以实例的形式为大家演示，如何调整音频增益及其速度。

01 启动Premiere Pro 2020软件，按快捷键Ctrl+O，打开路径文件夹中的"调整音频增益.prproj"项目文件。进入工作界面后，可以看到时间轴面板中已经添加好的素材，如图10-22所示。在"节目"监视器面板中可以预览当前素材效果，如图10-23所示。

图10-22

图10-23

02 右击时间轴面板中的"风景.mp4"素材，在弹出的快捷菜单中选择"速度/持续时间"选项，如图10-24所示。

03 弹出"剪辑速度/持续时间"对话框，在其中修改音频的"速度"为85%，如图10-25所示，完成后单击"确定"按钮。

图10-24 图10-25

> **提示** 在"剪辑速度/持续时间"对话框中，还可以设置"持续时间"参数来精确调整音频素材的速率。

04 选择"风景.mp4"素材，执行"剪辑"|"音频选项"|"音频增益"命令，如图10-26所示。

05 弹出"音频增益"对话框，在其中设置"调整增益值"为5db，如图10-27所示，完成后单击"确定"按钮。

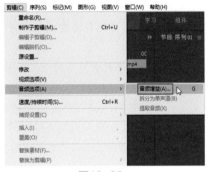

图10-26 图10-27

06 完成上述操作后，可在"节目"监视器面板中预览音频效果。

10.3 使用音频剪辑混合器

"音频剪辑混合器"面板可以实时混合时间轴面板各轨道中的音频素材。用户可以在该面板中选择相应的音频控制器进行调整，以调节它在时间轴面板中对应轨道上的音频素材，通过"音频剪辑混合器"可以很方便地把控音频的声道、音量等属性。

10.3.1 认识"音频剪辑混合器"面板

"音频剪辑混合器"面板由若干个轨道音频控制器、主音频控制器和播放控制器组成，如图10-28所示。其中轨道音频控制器主要是用于调节时间轴面板中与其对应轨道上的音频。轨道音频控制器的数量跟时间轴面板中音频轨道的数量一致，轨道音频控制器由控制按钮、声道调节滑轮和音量调节滑杆这3部分组成。

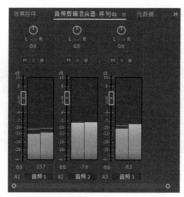

图10-28

下面对面板中各按钮参数进行具体介绍。

1. 控制按钮

轨道音频控制器的控制按钮主要用于控制音频调节器的状态，下面分别介绍各个按钮名称及其功能作用。

➤ 🅼 "静音轨道"按钮：主要用于设置轨道音频是否为静音状态，单击该按钮后，变为绿色，表示该音轨处于静音状态；再次单击该按钮，取消静音状态。

➤ 🆂 "独奏轨道"按钮：单击该按钮，激活状态为黄色，此时其他普通音频轨道将会自动被设置为静音模式。

➤ ◉ "写关键帧"按钮：单击该按钮，激活状态为蓝色，可用于对音频素材进行关键帧设置。

2. 声道调节滑轮

声道调节滑轮如图10-29所示，主要是用来实现音频素材的声道切换。当音频素材为双声道音频时，可以使用声道调节滑轮来调节播放声道。在滑轮上方，按住鼠标左键向左拖动滑轮，则输出左声道的音量增大，向右拖动滑轮，则输出右声道的音量增大。

3. 音量调节滑杆

音量调节滑杆如图10-30所示，主要用于控制当前轨道音频素材的音量大小，按住鼠标左键向上拖动滑块增加音量，向下拖动滑块减小音量。

图10-29

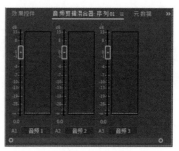

图10-30

10.3.2 实战——使用"音频剪辑混合器"调节音频

如果时间轴面板中的音频素材出现音量过高或过低的情况，用户可选择在"效果控件"面板中对音量进行调整，也可以选择在"音频剪辑混合器"中更为直观便捷地调控音频音量。

01 启动Premiere Pro 2020软件，按快捷键Ctrl+O，打开路径文件夹中的"音频.prproj"项目文件。进入工作界面后，可以看到时间轴面板中已经添加好的两段音频素材，如图10-31所示。

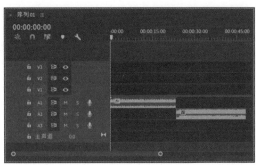

图10-31

02 分别预览两段音频素材，会发现第一段音频素材的音量过低，而第二段音频素材的音量过高。

03 打开"音频剪辑混合器"面板，然后在时间轴面板中将时间线定位到A1轨道中的第一段音频素材范围内，此时在"音频剪辑混合器"面板中可以看到该段音频素材对应的音量调节滑块位于-40位置，如图10-32所示。

04 将音量滑块向上拖动到-5.5的位置，以此来提高素材音量，如图10-33所示，也可以选择在下方的数值框中直接输入数值-5.5。

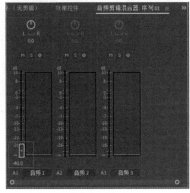

图10-32

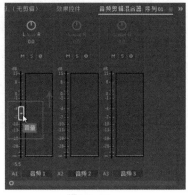

图10-33

05 在时间轴面板中将时间线定位到A2轨道中的第二段音频素材范围内，此时在"音频剪辑混合器"面板中，可以看到该段音频素材对应的音量调节滑块位于0位置，如图10-34所示。

06 将音量滑块向下拖动到-7.5的位置，以此来降低素材音量，如图10-35所示，也可以选择在下方的数值框中直接输入数值-7.5。

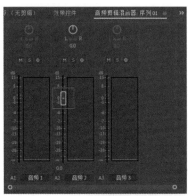

图10-34

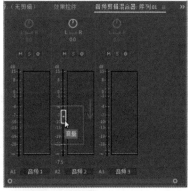

图10-35

07 完成上述操作后，可在"节目"监视器面板中可预览音频效果。

10.4 音频效果

Premiere Pro 2020具有完善的音频编辑功能，在"效果"面板的"音频效果"栏中提供了大量的音频特殊效果，可以满足多种音频效果的编辑需求。下面将简单介绍一些常用的音频效果。

10.4.1 "多功能延迟"效果

一般来说，延迟效果可以使音频产生回音效果，而"多功能延迟"效果则可以产生4层回音，并能通过调节参数，控制每层回音发生的延迟时间与程度。

添加音频效果的方法与添加视频效果的方法一致。在"效果"面板中展开"音频效果"选项栏，将其中的"多功能延迟"效果拖曳添加到需要应用该效果的音频素材上，如图10-36所示。

完成效果的添加后，在"效果控件"面板中可对其进行参数设置，如图10-37所示。

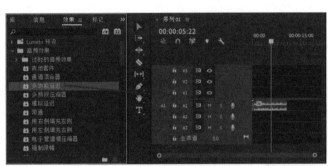
图10-36

图10-37

参数介绍如下。

➢ 延迟1/2/3/4：用于指定原始音频与回声之间的时间量。

➢ 反馈1/2/3/4：用于指定延迟信号的叠加程度，以产生多重衰减回声的百分比。

➢ 级别1/2/3/4：用于设置每层的回声音量强度。

➢ 混合：用于控制延迟声音和原始音频的混合百分比。

10.4.2 "带通"效果

"带通"效果可以删除指定声音之外的范围或者波段的频率。在"效果"面板中展开"音频效果"选项栏，在其中选择"带通"效果，将其拖曳到需要应用该效果的音频素材上，并可在"效果控件"面板中对其进行参数调整，如图10-38所示。

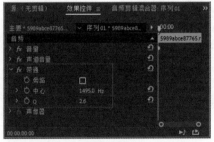
图10-38

参数介绍如下。

➢ 旁路：可以临时开启或关闭施加的音频特效，以便和原始声音进行对比。

➢ 中心：用于设置频率范围的中心频率数值。

➢ Q：用于设置波段频率的宽度。

10.4.3 "低通"/"高通"效果

"低通"效果用于删除高于指定频率界限的频率，从而使音频产生浑厚的低音效果；"高通"效果则用于删除低于指定频率界限的频率，使音频产生清脆的高音效果。

在"效果"面板中展开"音频效果"选项栏，在其中选择"低通"或"高通"效果，将效果添加到音频素材上，并可在"效果控件"面板中对效果进行参数调整，如图10-39所示。

图10-39

> **提示** 在"低通"和"高通"效果属性中都只有一个参数选项，即"屏蔽度"。在"低通"中该选项用于设定可通过声音的最高频率；在"高通"中该选项则用于设定可通过声音的最低频率。

10.4.4 "低音"/"高音"效果

"低音"效果用于提升音频波形中低频部分的音量，使音频产生低音增强效果；"高音"效果用于提升音频波形中高频部分的音量，使音频产生高音增强效果。

在"效果"面板中展开"音频效果"选项栏，将"低音"或"高音"效果添加到需要应用效果的音频素材上，并可在"效果控件"面板中对效果进行参数调整，如图10-40所示。

图10-40

> **提示** "低音"和"高音"效果属性中都只有一个参数选项，即"提升"，用于提升或降低低音或高音。

10.4.5 "消除齿音"效果

"消除齿音"效果可以用于对人物语音音频进行清晰化处理，可消除人物对着麦克风说话时产生的齿音。在"效果"面板中展开"音频效果"选项栏，选择"消除齿音"效果，将其添加到需要应用该效果的音频素材上，并可在"效果控件"面板中对其进行参数调整，如图10-41所示。在效果参数设置中，可以根据语音的类型和具体情况，选择对应的预设处理方式，对指定的频率范围进行限制，以便能高效地完成音频内容的优化处理。

图10-41

提示 可以在同一个音频轨道上添加多个音频效果，并分别进行控制。

10.4.6 "音量"效果

"音量"效果可以为渲染音量设置最佳的音量，可以为素材建立一个类似于封套的效果，在其中设定一个音频标准。

在"效果"面板中展开"音频效果"选项栏，选择"音量"效果，将其添加到需要应用该效果的音频素材上，并可在"效果控件"面板中对其进行参数调整，如图10-42所示。

图10-42

提示 在"效果控件"面板中只包含一个"级别"参数，该参数用于设置音量的大小，正值提高音量，负值则降低音量。

10.4.7 实战——音频效果的应用

下面将以案例的形式为大家演示添加音频效果的具体操作，以添加"延迟"效果为例，来使时间轴面板中的音频素材产生余音绕梁的效果。

01　启动Premiere Pro 2020软件，按快捷键Ctrl+O，打开路径文件夹中的"音乐.prproj"项目文件。进入工作界面后，可以看到时间轴面板中已经添加好的音频素材，如图10-43所示。

图10-43

02　在"效果"面板中展开"音频效果"选项栏，选择"延迟"效果，将其拖曳添加至时间轴面板中的音频素材中，如图10-44所示。

03　选择音频素材，在"效果控件"面板中设置"延迟"效果属性中的"延迟"参数为1.5秒，"反馈"数值为20%，"混合"数值为60%，如图10-45所示。

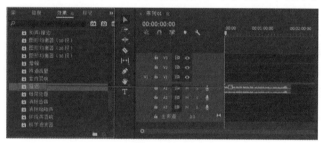

图10-44

图10-45

04　完成上述操作后，可在"节目"监视器面板中预览音频效果。

10.5　音频过渡效果

音频过渡效果，即通过在音频素材的首尾添加效果，使音频产生淡入淡出效果；或在两个相邻音频素材之间添加效果，使音频与音频之间的衔接变得柔和自然。

10.5.1　交叉淡化效果

在"效果"面板中展开"音频过渡"选项栏，在其中的"交叉淡化"文件夹中提供了"恒定功率""恒定增益"和"指数淡化"这3种音频过渡效果，如图10-46所示。

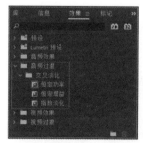

图10-46

音频过渡效果的应用方法与添加视频过渡效果的方法相似，先将效果拖曳添加到音频素材的首尾或两个素材之间，如图10-47所示。

接着，在时间轴面板中选中音频过渡效果，在"效果控件"面板中可以调整其持续时间、对齐方式等参数，如图10-48所示。

图10-47

图10-48

10.5.2　实战——实现音频的淡入淡出

在进行剪辑项目的编辑处理时，若添加的音乐和音频的开始和结束太突然，会令其在整个剪辑中显得突兀，此时可以通过在音频首尾处添加淡化效果，来实现音频的淡入淡出，使剪辑项目的衔接更加自然。

01 启动Premiere Pro 2020软件，按快捷键Ctrl+O，打开路径文件夹中的"大海.prproj"项目文件。

02 进入工作界面后，将"项目"面板中的"大海.mp4"素材添加到时间轴面板中，如图10-49所示。

03 右击时间轴面板中的"大海.mp4"素材，在弹出的快捷菜单中选择"取消链接"选项，如图10-50所示。

图10-49

图10-50

04 解除视音频链接后，选中A1轨道中的音频，按Delete键将其删除。接着，将"项目"面板中的"音乐.mp3"素材添加到A1轨道上，如图10-51所示。

05 在时间轴面板中，将时间线移动到"大海.mp4"素材的末尾处，然后使用"剃刀工具" 将"音乐.mp3"素材沿时间线所处位置进行切割，如图10-52所示。音频素材切割完成后，将时间线之后的部分删除。

图10-51

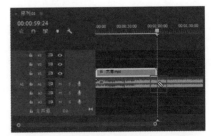

图10-52

06 在"效果"面板中展开"音频过渡"选项栏，选择"交叉淡化"文件夹中的"恒定增益"效果，将其添加至"音乐.mp3"素材的起始位置，如图10-53所示。

07 在时间轴面板中单击"恒定增益"效果，进入"效果控件"面板，在其中设置"持续时间"为00:00:02:00，如图10-54所示。

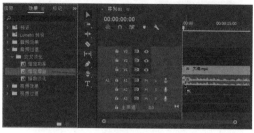

图10-53

图10-54

08 将"恒定增益"效果添加至"音乐.mp3"素材的结尾位置，如图10-55所示。

09 在时间轴面板中选择添加的"恒定增益"效果，进入"效果控件"面板，在其中设置"持续时间"为00:00:02:00，如图10-56所示。

图10-55

图10-56

10 最终，在A1轨道上的音频素材包含了两个音频过渡效果，一个位于开始处对音频进行淡入，另一个位于结束处对音频进行淡出，如图10-57所示。

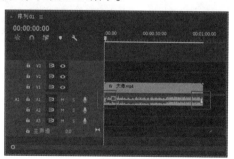

图10-57

提示 除了可以使用音频过渡效果来实现音频素材的淡入淡出，还可以通过添加"音量"关键帧来实现。

10.6 综合实战——重低音效果制作

本实例主要通过为音频添加"低通"效果，并在"效果控件"面板中调整相关参数，来为音乐营造重低音效果。

01 启动Premiere Pro 2020软件，按快捷键Ctrl+O，打开路径文件夹中的"重低音效果.prproj"项目文件。进入工作界面后，可以看到时间轴面板中已经添加好的视音频素材，如图10-58所示。在"节目"监视器面板中可以预览当前素材效果，如图10-59所示。

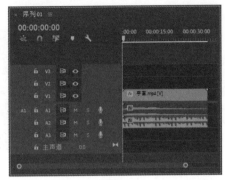

图10-58   图10-59

02 通过预览会发现A2音频轨道中的音频素材音量过大。在"音频剪辑混合器"面板中拖动音量调节滑块至-4位置，如图10-60所示，将素材的音量适当降低一些。

03 按住Alt键，单击并向下拖动A2轨道中的音频，对该音频进行复制，并放置在A3轨道上，如图10-61所示。

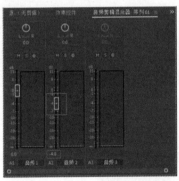
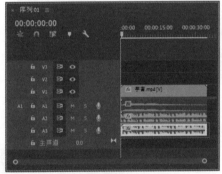

图10-60   图10-61

04 在"效果"面板中展开"音频过渡"选项栏，选择"低通"效果，将其添加至A3轨道中的音频素材上，如图10-62所示。

05 选择A3轨道中的音频素材，在"效果控件"面板中设置"低通"效果属性中的"屏蔽度"数值为1500 Hz，如图10-63所示。

06 完成上述操作后，可在"节目"监视器面板中可预览音频效果。

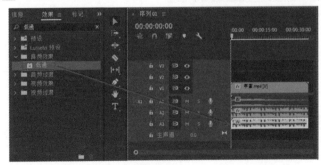
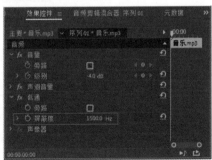

图10-62   图10-63

10.7　本章小结

　　本章主要学习了如何在Premiere Pro 2020中为剪辑项目添加音频、对音频进行编辑和处理，以及音频效果、音频过渡效果的具体应用。

　　在Premiere Pro 2020中，通过为音频添加音效调整命令，或在"效果控件"面板、"音频剪辑混合器"面板中对音频参数进行调整，可获取想要的音频特殊效果。此外，在"音频效果"文件夹里提供了大量的音频效果，可以满足多种音频特效的编辑需求；在"音频过渡"文件夹里提供了恒定功率、恒定增益、指数淡化这3种简单的音频过渡效果，应用它们可以使音频产生淡入淡出效果，或使音频之间的衔接变得柔和自然。

电商宣传片，通常是指商家在淘宝、天猫和京东等电商平台上用来展示商品、宣传活动的视频。一般来说，电商宣传视频的时长集中在10秒到1分钟这个范围，最长不超过10分钟，主要在互联网和手机上展示和传播。通过这类视频，可以在较短的时间内向消费群体传递产品相关信息，通过鲜活的画面颜色，以及轻快的氛围和引人注目的活动标题，来提升消费者的购买欲。

本章将以实例的形式为各位读者介绍电商狂欢促销宣传片的制作方法。下面将实例划分为6个部分来进行讲解，分别是"制作片头""制作场景1""制作场景2""制作片尾""添加背景音乐"和"输出视频"。本案例各部分的展示效果如下。

片头效果

场景1效果

场景2效果

片尾效果

11.1　制作片头

片头是一个完整影片不可或缺的部分。一个优质的片头能在影片放映的瞬间，牢牢吸引观众的视线。下面将为大家详细讲解本例片头部分的制作，主要通过添加和重组素材，并添加流畅的动画效果，来实现多个素材的融合展示。

11.1.1　新建项目并导入素材

01　启动Premiere Pro 2020软件，执行"文件"|"新建"|"项目"命令，或按快捷

键Ctrl+Alt+N，弹出"新建项目"对话框，在其中自定义项目的"名称"和"位置"，如图11-1所示，完成后单击"确定"按钮。

02 进入工作界面，执行"文件"|"新建"|"序列"命令，或按快捷键Ctrl+N，弹出"新建序列"对话框，在左侧的"可用预设"列表中选择"HDV"文件夹中的"HDV 720p25"预设，如图11-2所示，完成后单击"确定"按钮。

图11-1　　　　　　　　　　　　　　　　图11-2

03 完成序列的创建后，执行"文件"|"导入"命令，或按快捷键Ctrl+I，弹出"导入"对话框，将路径文件夹中的所有文件选中，如图11-3所示，单击"打开"按钮，将所选文件导入Premiere Pro。

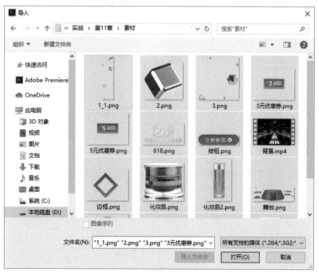

图11-3

11.1.2　制作开场片段

01 将"项目"面板中的"背景.mp4"素材拖入时间轴面板中的V1视频轨道上，如图11-4所示。

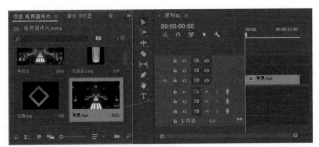

图11-4

提示 当素材拖入时间轴面板中时，若弹出"剪辑不匹配警告"对话框，一般建议单击"保持现有设置"按钮，如图11-5所示，以维持序列设置不做改变。若单击"更改序列设置"按钮，则序列将依据拖入的素材进行更改。

图11-5

02 选择时间轴面板中的"背景.mp4"素材，在"效果"面板中调整"缩放"数值为52，如图11-6所示。在"节目"监视器面板中可预览当前画面效果，如图11-7所示。

图11-6

图11-7

提示 本书案例所提供的参数值仅供参考，部分参数所生成的效果可能存在差异，大家在自己制作案例时，可根据实际情况灵活调配参数值。

03 在"效果"面板中搜索"高斯模糊"效果，将其拖曳添加至时间轴面板中的"背景.mp4"素材中，如图11-8所示。

图11-8

04 选择"背景.mp4"素材，在"效果控件"面板中调整"高斯模糊"属性中的"模糊度"为38，如图11-9所示。完成操作后，画面将产生模糊效果，如图11-10所示。

图11-9　　　　　　　　　　　　图11-10

05 将"项目"面板中的"舞台.png"素材拖入时间轴面板中的V2视频轨道上，然后右击素材，在弹出的快捷菜单中选择"速度/持续时间"选项，弹出"剪辑速度/持续时间"对话框，调整"持续时间"为00:00:02:00（即2秒，之后该操作不作重复讲解），如图11-11所示，完成后单击"确定"按钮。

06 将当前时间设置为00:00:00:00，选择时间轴面板中的"舞台.png"素材，在"效果控件"面板中设置"缩放"参数为66，将对象调整到合适大小。接着，单击"位置"属性前的"切换动画"按钮◎，在当前时间点创建第一个关键帧，并将"位置"参数设置为666、918，如图11-12所示。

图11-11　　　　　　　　　　　　图11-12

07 将当前时间设置为00:00:00:14，然后修改"位置"参数为666、611，创建第二个关键帧，如图11-13所示。

08 为了让对象的位置动画效果更流畅，在"效果控件"面板中选中两个关键帧，右击，在弹出的快捷菜单中分别选择一次"临时插值"|"缓入"选项和"临时插值"|"缓出"选项，改变关键帧状态后，可单击"位置"参数前的 ▶ 按钮，对控制点进行调整，使运动曲线更加平滑，如图11-14所示。

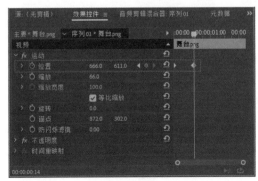
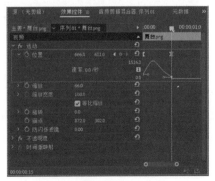

图11-13　　　　　　　　　　　　图11-14

提示 关于关键帧的具体应用可参考本书第6章内容。

09 将"项目"面板中的"1.png"素材拖入时间轴面板中的V3视频轨道上，并调整该素材的持续时间为2秒。将当前时间设置为00:00:00:00，选择"1.png"素材，在"效果控件"面板中调整"位置"参数为65、262；单击"缩放"属性前的"切换动画"按钮，在当前时间点创建第一个关键帧，并将"缩放"参数设置为0，如图11-15所示。

10 将当前时间设置为00:00:00:11，然后修改"缩放"参数为74，创建第二个关键帧。选中两个关键帧，右击，在弹出的快捷菜单中分别选择一次"临时插值"|"缓入"选项和"临时插值"|"缓出"选项，在改变关键帧状态后，对参数的控制点进行调整，使运动曲线更加平滑，如图11-16所示。

图11-15

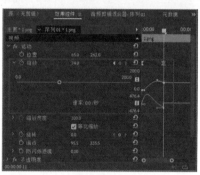

图11-16

11 在00:00:00:11时间点，单击"旋转"属性前的"切换动画"按钮，在当前时间点创建第一个关键帧，并将"旋转"数值设置为0°；在00:00:00:17时间点，调整"旋转"数值为7°；在00:00:00:24时间点，调整"旋转"数值为0°；在00:00:01:06时间点，调整"旋转"参数为7°，完成4个关键帧的添加，如图11-17所示。

12 选中上述操作中创建的4个"旋转"关键帧，右击，在弹出的快捷菜单中选择"贝塞尔曲线"选项，关键帧状态将发生改变，如图11-18所示。

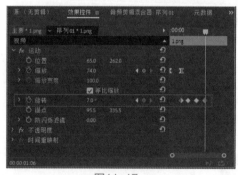

图11-17

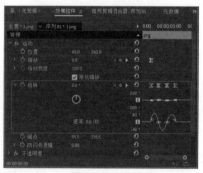

图11-18

13 用上述同样的方法，分别将"2.png"和"3.png"素材对象添加到时间轴面板的V4和V5轨道，并调整素材的持续时间为2秒。然后在"效果控件"面板中对素材的"位置""缩放"和"旋转"参数进行调整，并在相应时间点设置关键帧，这里的操作与"1.png"素材的操作相似，故不做重复讲解。"2.png"和"3.png"素材对应的关键帧添加效果如图11-19和图11-20所示。

14 将"项目"面板中的"618.png"素材拖入时间轴面板中的V6视频轨道上，并调整该素材的持续时间为2秒。将当前时间设置为00:00:00:00，选择"618.png"素材，在"效果控件"面板中调整"位置"参数为653、327；单击"缩放"属性前的"切换动画"按钮，在当前时间点创建第1个关键帧，并将"缩放"参数设置为0，如图11-21所示。

图11-19

图11-20

15 将当前时间设置为00:00:00:16，然后修改"缩放"参数为65，创建第二个关键帧；将当前时间设置为00:00:00:24，修改"缩放"参数为60，创建第三个关键帧。选中创建的3个"缩放"关键帧，右击，在弹出的快捷菜单中选择"贝塞尔曲线"选项，关键帧状态将发生改变，如图11-22所示。

图11-21

图11-22

16 完成开场制作后，在时间轴面板中的素材分布情况如图11-23所示。

图11-23

11.2 制作场景1

下面为大家讲解本例的第一个产品展示场景的制作。首先在时间轴面板中添加所需的基本素材，搭建场景雏形，然后再为素材添加动画效果，来实现产品的动态展示。之后，再通过添加标题字幕，进一步丰富画面，同时很好地向观众传递活动及产品信息。

11.2.1 添加并调整素材

01 将"项目"面板中的"矩形背景.png"素材拖入时间轴面板中的V2视频轨道上，使其衔接在"舞台.png"素材的后方，并调整该素材的持续时间为5秒23帧。选择"矩形背景.png"素材，在"效果控件"面板中设置对象的"位置"参数为556、374，"缩放"数值为129，如图11-24所示，来确定对象在画面中的位置和大小。操作完成后，得到的画面效果如图11-25所示。

图11-24

图11-25

02 将"项目"面板中的"圆台.png"素材拖入时间轴面板中的V3视频轨道上，使其衔接在"1.png"素材的后方，并调整该素材的持续时间为5秒23帧。选择"圆台.png"素材，在"效果控件"面板中设置对象的"位置"参数为963、576，"缩放"数值为51，如图11-26所示。操作完成后，得到的画面效果如图11-27所示。

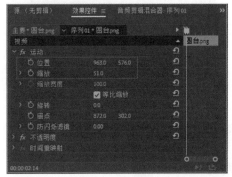

图11-26

图11-27

03 将"项目"面板中的"衣服.png"素材拖入时间轴面板中的V4视频轨道上，使其衔接在"2.png"素材的后方，并调整该素材的持续时间为5秒23帧。选择"衣服.png"素材，在"效果控件"面板中设置对象的"位置"参数为965、360，"缩放"数值为50，如图11-28所示。操作完成后，得到的画面效果如图11-29所示。

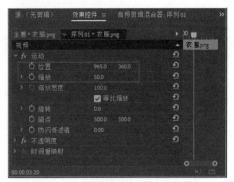

图11-28

图11-29

04 将"项目"面板中的"边框.png"素材拖入时间轴面板中的V5视频轨道上，使其衔接在"3.png"素材的后方，并调整该素材的持续时间为5秒23帧。选择"边框.png"素材，在"效果控件"面板中设置对象的"位置"参数为684、438，"缩放"数值为48，如图11-30所示。操作完成后，得到的画面效果如图11-31所示。

图11-30

图11-31

11.2.2　制作动画效果

01 在"效果"面板中搜索"推"效果，将其分别添加至时间轴面板中的"矩形背景.png""圆台.png""衣服.png"和"边框.png"素材的起始位置，如图11-32所示。

图11-32

> **提示** 　在上述操作需要注意的是，添加的"推"效果不是添加在前后两个素材中间，而是需要添加在后方素材的起始处。不同的添加方式造成的效果是不同的，因此大家需要留意效果的添加方式。

02 为了让画面效果更加丰富，需要对效果的进入方向进行调整。上述操作中添加的"推"效果，其默认进入方向是"自西向东"的，即从画面的左侧进入。在时间轴面板中选择"圆台.png"素材前方的"推"效果，在"效果控件"面板中，将效果的进入方式设置为"自东向西"，如图11-33所示，使对象从画面右侧进入。

03 用上述同样的方法，将"衣服.png"和"边框.png"素材中效果的进入方式调整为"自东向西"。完成后得到的效果如图11-34所示。

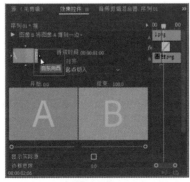

图11-33

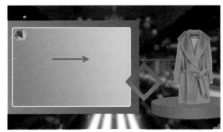

图11-34

04 将当前时间设置为00:00:04:08，将"项目"面板中的"5元优惠券.png"素材拖入时间轴面板中的V6视频轨道上，放置在时间线后方，并调整该素材的持续时间为3秒15帧。选择"5元优惠券.png"素材，在"效果控件"面板中设置对象的"位置"参数为322、311；单击"缩放"属性前的"切换动画"按钮，在当前时间点创建第一个关键帧，并将"缩放"参数设置为0，如图11-35所示。

05 将当前时间设置为00:00:04:20，然后修改"缩放"参数为36，创建第二个关键帧，如图11-36所示。

图11-35　　　　　　　　　　　　　　　图11-36

06 将当前时间设置为00:00:05:19，将"项目"面板中的"按钮.png"素材拖入时间轴面板中的V7视频轨道上，放置在时间线后方，并调整该素材的持续时间为2秒4帧。选择"按钮.png"素材，在"效果控件"面板中设置对象的"位置"参数为355、481；单击"缩放"属性前的"切换动画"按钮，在当前时间点创建第一个关键帧，并将"缩放"参数设置为0，如图11-37所示。

07 将当前时间设置为00:00:06:07，然后修改"缩放"参数为100，创建第二个关键帧，如图11-38所示。

图11-37　　　　　　　　　　　　　　　图11-38

11.2.3　添加标题字幕

01 将当前时间设置为00:00:03:07，执行"文件"|"新建"|"旧版标题"命令，弹出"新建字幕"对话框，保持默认设置，如图11-39所示。

02 弹出"字幕"面板，使用"文字工具"在工作区域内输入文字"大牌女装"，然后在右侧的"旧版标题属性"面板中设置字体、字体大小和颜色等参数，并将文字对象摆放在合适位置，如图11-40所示。

03 关闭"字幕"面板，回到Premiere Pro工作界面。将"项目"面板中的"字幕01"素材拖入时间轴面板中的V8视频轨道上，放置在时间线后方（此时时间线位于00:00:03:07位置），并调整该素材的持续时间为4秒16帧。

04 在"效果"面板中搜索"划出"效果，将其拖曳添加至"字幕01"素材的起始处，并在"效果控件"面板中调整"划出"效果的"持续时间"为00:00:01:20。完成操作后，"字幕01"素材及其播放效果如图11-41和图11-42所示。

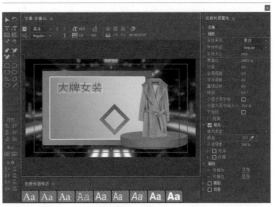

图11-39   图11-40

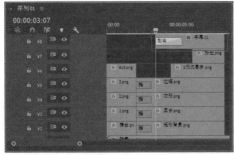

图11-41   图11-42

05 将当前时间设置为00:00:04:24，执行"文件"|"新建"|"旧版标题"命令，弹出"新建字幕"对话框，保持默认设置，创建"字幕02"素材。进入"字幕"面板，使用"文字工具" **T**，在工作区域内输入文字"全场低至6折"，然后在右侧的"旧版标题属性"面板中设置字体、字体大小和颜色等参数，并将文字对象摆放在合适位置，如图11-43所示。

06 关闭"字幕"面板，回到Premiere Pro工作界面。将"项目"面板中的"字幕02"素材拖入时间轴面板中的V9视频轨道上，放置在时间线后方（此时时间线位于00:00:04:24位置），并调整该素材的持续时间为2秒24帧。

07 在"效果"面板中搜索"划出"效果，将其拖曳添加至"字幕02"素材的起始处，并在"效果控件"面板中调整"划出"效果的"持续时间"为00:00:01:20。完成操作后，"字幕02"素材在时间轴面板中的排列效果如图11-44所示。

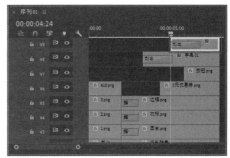

图11-43   图11-44

08 将当前时间设置为00:00:04:08，执行"文件"|"新建"|"旧版标题"命令，弹出"新建字幕"对话框，保持默认设置，创建"字幕03"素材。进入"字幕"面板，使用"文字工具" T 在工作区域内输入文字"￥168"，然后在右侧的"旧版标题属性"面板中设置字体、字体大小和颜色等参数，并将文字对象摆放在合适位置，如图11-45所示。

09 关闭"字幕"面板，回到Premiere Pro工作界面。将"项目"面板中的"字幕03"素材拖入时间轴面板中的V10视频轨道上，放置在时间线后方（此时时间线位于00:00:04:08位置），并调整该素材的持续时间为3秒15帧。

10 在时间轴面板中选择"字幕03"素材，在"效果控件"面板中单击"不透明度"属性前的"切换动画"按钮，在当前的00:00:04:08时间点创建第一个关键帧，并将"不透明度"数值设置为0%；将当前时间设置为00:00:04:23，然后修改"不透明度"数值为100，创建第2个关键帧，如图11-46所示。

图11-45   图11-46

11 将当前时间设置为00:00:04:08，将"项目"面板中的"转场.mov"素材拖入时间轴面板中的V11视频轨道上，放置在时间线后方，完成前后两个镜头的衔接过渡，效果如图11-47所示。

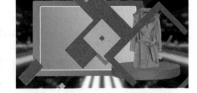

图11-47

11.3 制作场景2

下面为大家讲解本例第2个产品展示场景的制作。该场景与上一场景的制作方法基本相同，不同的是展示的产品及方位等有些许出入。若要节省工作时间，可采取复制前一场景素材的方法来制作该场景，但需要注意的是，在制作过程中要灵活调整素材摆放位置、产品信息及关键帧等。在制作过程中可以多预览多修改，以达到流畅、正确的视频效果。

11.3.1 添加并调整素材

01 将当前时间设置为00:00:08:10，将"项目"面板中的"矩形背景.png"素材拖入时间轴面板中的V2视频轨道上，放置在时间线后方，并调整该素材的持续时间为5秒23帧；将"圆台.png"素材拖入时间轴面板中的V3视频轨道上，放置在时间线后方，并调整该素材的持续时间为5秒23帧。

02 在"效果"面板中搜索"推"效果，将其分别添加至上述步骤中的"矩形背景.png"和"圆台.png"素材的起始位置，如图11-48所示。

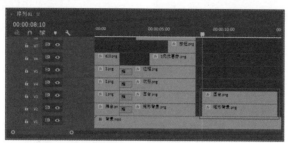

图11-48

03 选择"矩形背景.png"素材，在"效果控件"面板中设置对象的"位置"参数为762、374，"缩放"数值为129，如图11-49所示。

04 选择"圆台.png"素材，在"效果控件"面板中设置对象的"位置"参数为354、576，"缩放"数值为51，如图11-50所示。

图11-49　　　　　　　　　　　图11-50

05 采用同样的方法，继续将"项目"面板中的"化妆品2.png"素材拖入V4轨道；将"化妆品.png"素材拖入V5轨道；将"边框.png"素材拖入V6轨道。并统一调整素材的持续时间为5秒23帧，如图11-51所示。

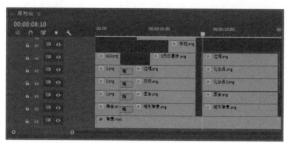

图11-51

06 选择"化妆品2.png"素材，在"效果控件"面板中设置对象的"位置"参数为277、346，"缩放"数值为56，如图11-52所示。

07 选择"化妆品.png"素材，在"效果控件"面板中设置对象的"位置"参数为388、486，"缩放"数值为13，如图11-53所示。

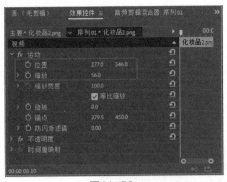

图11-52

图11-53

08 选择"边框.png"素材，在"效果控件"面板中设置对象的"位置"参数为658、438，"缩放"数值为48，如图11-54所示。

09 上述操作完成后，得到的画面效果如图11-55所示。

图11-54

图11-55

11.3.2 制作动画效果

01 在"效果"面板中搜索"推"效果，将其分别添加至时间轴面板中的"矩形背景.png""圆台.png""化妆品2.png""化妆品.png"和"边框.png"素材的起始位置，如图11-56所示。

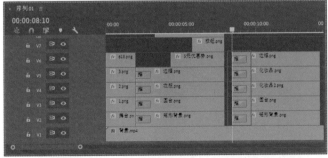

图11-56

02 在时间轴面板中选择"矩形背景.png"素材前方的"推"效果，在"效果控件"面板中将效果的进入方式设置为"自东向西"，如图11-57所示，使对象从画面右侧进入。其他素材前方的效果进入方式保持默认，不做调整。

03 将当前时间设置为00:00:10:06，将"项目"面板中的"3元优惠券.png"素材拖入时间轴面板中的V7视频轨道上，放置在时间线后方，并调整该素材的持续时间为4秒2帧。选择"3元优惠券.png"

素材，在"效果控件"面板中设置对象的"位置"参数为956、311；单击"缩放"属性前的"切换动画"按钮，在当前时间点创建第一个关键帧，并将"缩放"数值设置为0；将当前时间设置为00:00:10:18，然后修改"缩放"数值为36，创建第二个关键帧，如图11-58所示。

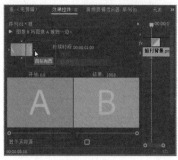

图11-57

图11-58

04 将当前时间设置为00:00:11:12，将"项目"面板中的"按钮.png"素材拖入时间轴面板中的V8视频轨道上，放置在时间线后方，并调整该素材的持续时间为2秒21帧。选择"按钮.png"素材，在"效果控件"面板中设置对象的"位置"参数为926、481；单击"缩放"属性前的"切换动画"按钮，在当前时间点创建第一个关键帧，并将"缩放"数值设置为0；将当前时间设置为00:00:12:00，然后修改"缩放"数值为100，创建第二个关键帧，如图11-59所示。

05 完成上述操作后，在"节目"监视器面板中预览当前画面效果，如图11-60所示。

图11-59

图11-60

11.3.3　添加标题字幕

01 在"项目"面板中，右击"字幕01"素材，在弹出的快捷菜单中选择"复制"选项，通过该操作得到"字幕01复制01"素材，如图11-61所示。

02 将当前时间设置为00:00:08:15，将"项目"面板中的"字幕01复制01"素材拖入时间轴面板中的V9视频轨道上，放置在时间线后方，并调整该素材的持续时间为5秒18帧。此时该字幕素材与"字幕01"素材效果一致，但不适合当前画面，因此需要对部分属性进行修改。

03 双击时间轴面板中的"字幕01复制01"素材，打开"字幕"面板，在其中修改文字内容为"护肤彩妆"，并将其调整至合适位置以适配当前画面，如图11-62所示。

提示 　在上述操作中，复制的字幕字体、大小等参数不需要做修改，只需改变文字内容和摆放位置。由于文字只做平行方向的位置调整，因此可在"旧版标题属性"面板中调整"X位置"参数，这样比手动拖动调整位置更为精确。

图11-61

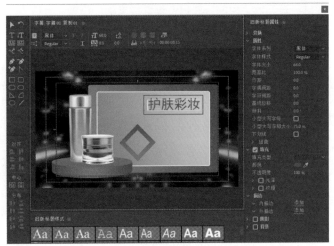

图11-62

04 关闭"字幕"面板，回到Premiere Pro工作界面。在"效果"面板中搜索"划出"效果，将其拖曳添加至"字幕01复制01"素材的起始处，并在"效果控件"面板中调整"划出"效果的"持续时间"为00:00:01:20。

05 采用同样的方法，在"项目"面板中右击"字幕02"素材，在弹出的快捷菜单中选择"复制"选项，通过该操作得到"字幕02复制01"素材，如图11-63所示。

06 将当前时间设置为00:00:09:22，将"项目"面板中的"字幕02复制01"素材拖入时间轴面板中的V10视频轨道上，放置在时间线后方，并调整该素材的持续时间为4秒11帧。接着，双击时间轴面板中的"字幕02复制01"素材，打开"字幕"面板，在其中修改文字内容为"全场低至5折"，并将其调整至合适位置以适配当前画面，如图11-64所示。

图11-63

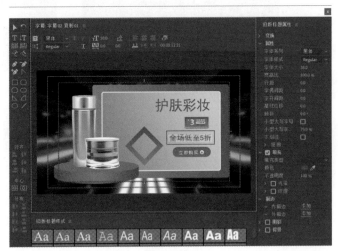

图11-64

07 关闭"字幕"面板，回到Premiere Pro工作界面。在"效果"面板中搜索"划出"效果，将其拖曳添加至"字幕02复制01"素材的起始处，并在"效果控件"面板中调整"划出"效果的"持续时间"为00:00:01:20。

08 在"项目"面板中右击"字幕03"素材，在弹出的快捷菜单中选择"复制"选项，通过该操作得到"字幕03复制01"素材，如图11-65所示。

09 将当前时间设置为00:00:10:05，将"项目"面板中的"字幕03复制01"素材拖入时间轴面板中的

V11视频轨道上，放置在时间线后方，并调整该素材的持续时间为4秒03帧。接着，双击时间轴面板中的"字幕03复制01"素材，打开"字幕"面板，在其中修改文字内容为"¥108"，并将其调整至合适位置以适配当前画面，如图11-66所示。

图11-65

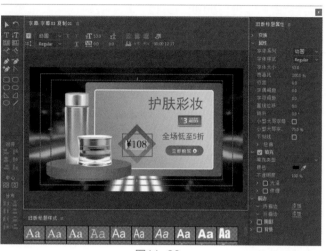

图11-66

10 关闭"字幕"面板，回到Premiere Pro工作界面。在时间轴面板中选择"字幕03复制01"素材，进入"效果控件"面板，在00:00:10:05时间点，单击"不透明度"属性前的"切换动画"按钮，在当前时间点创建第一个关键帧，并将"不透明度"数值设置为0；将当前时间设置为00:00:10:20，然后修改"不透明度"数值为100，创建第二个关键帧，如图11-67所示。

图11-67

11 将当前时间设置为00:00:07:01，将"项目"面板中的"转场.mov"素材拖入时间轴面板中的V11视频轨道上，放置在时间线后方，完成前后两个镜头的衔接过渡，效果如图11-68所示。

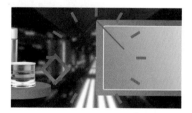

图11-68

11.4 制作片尾

在完成前面几个场景的制作后，接下来就需要制作片尾部分了。本例所制作的片尾部分需要与片头部分相互呼应，因此素材的选用及动画展示效果基本相同。

11.4.1 添加并调整素材

01 将当前时间设置为00:00:15:12，然后在时间轴面板中，同时选中起始处的"舞台.png""1. png""2.png""3.png"和"618.png"素材，按住Alt键将这些素材拖动复制到时间线后方（下面所讲解的素材均为时间线后的素材），如图11-69所示。

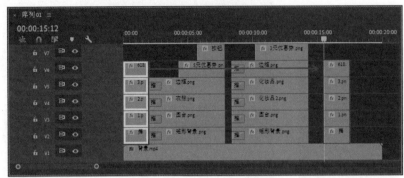

图11-69

提示 需要同时选中多个素材，可在按住Shift键的同时单击加选。

02 选择"舞台.png"素材，调整该素材的持续时间为4秒13帧。然后选中其上方的"1.png""2. png""3.png"和"618.png"素材，将鼠标指针移至素材后方，统一向后拖动，使选中的素材尾部与"舞台.png"素材对齐，如图11-70所示。

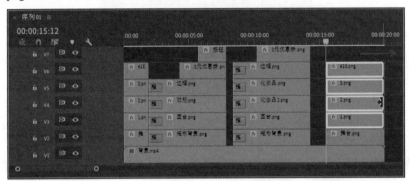

图11-70

11.4.2 调整关键帧

01 由于是复制所得的素材，因此素材已经具备了关键帧运动属性，这里不需要重复设置，只需要在已有关键帧的基础上进行适当调整即可。选择"1.png"素材，在"效果控件"面板中选择"旋转"参数中的4个关键帧，按快捷键Ctrl+C进行复制，如图11-71所示。

02 将时间线拖动到00:00:16:24时间点，按快捷键Ctrl+V粘贴关键帧，如图11-72所示。

03 继续向后粘贴关键帧，直到素材结束位置，如图11-73所示，使对象产生连续旋转运动。

04 选择"2.png"素材，在"效果控件"面板中，使用上述同样的方法，对"旋转"参数中的关键帧进行复制和粘贴操作，直到素材结束位置，如图11-74所示。

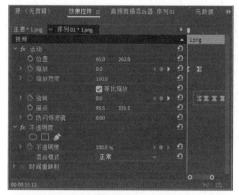

图11-71

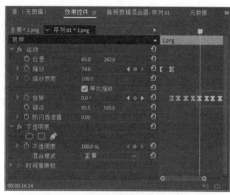

图11-72

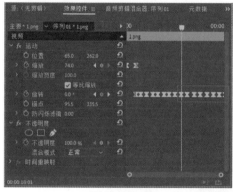

图11-73

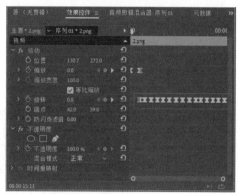

图11-74

05 同样的，继续对"3.png"素材进行相同操作，如图11-75所示。

06 选择"618.png"素材，在"效果控件"面板中，修改"位置"参数为653、230，如图11-76所示，对该素材的位置进行适当调整。

图11-75

图11-76

07 将当前时间设置为00:00:16:05，将"项目"面板中的"圆角矩形.png"素材拖入时间轴面板中的V7视频轨道上，放置在时间线后方，并调整该素材的持续时间为3秒20帧。

08 选择"圆角矩形.png"素材，在"效果控件"面板中设置"位置"参数为644、449，将对象调整到合适大小。接着，单击"缩放"属性前的"切换动画"按钮 ，在当前时间点（00:00:16:05）创建第一个关键帧，并将"缩放"数值设置为0；将当前时间设置为00:00:16:16，然后修改"缩放"数值为65，创建第二个关键帧。选中两个关键帧，右击，在弹出的快捷菜单中分别选择一次"缓入"选项和"缓出"选项，改变关键帧状态，如图11-77所示。

图11-77

11.4.3 添加标题字幕

01 将当前时间设置为00:00:16:17，执行"文件"|"新建"|"旧版标题"命令，弹出"新建字幕"对话框，保持默认设置，创建"字幕04"素材。进入"字幕"面板，使用"文字工具" **T** 在工作区域内输入文字"全场满300减20"，然后在右侧的"旧版标题属性"面板中设置字体、字体大小和颜色等参数，并将文字对象摆放在合适位置，如图11-78所示。

图11-78

02 关闭"字幕"面板，回到Premiere Pro工作界面。将"项目"面板中的"字幕04"素材拖入时间轴面板中的V8视频轨道上，放置在时间线后方（此时时间线位于00:00:16:17位置），并调整该素材的持续时间为3秒8帧。

03 在"效果"面板中搜索"划出"效果，将其拖曳添加至"字幕04"素材的起始处，如图11-79所示。

04 将当前时间设置为00:00:13:10，将"项目"面板中的"转场.mov"素材拖入时间轴面板中的V12视频轨道上，放置在时间线后方，如图11-80所示。

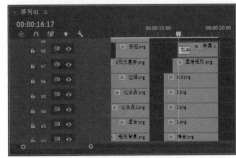

图11-79

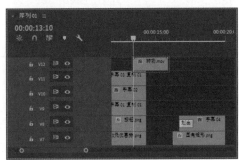

图11-80

11.5　添加背景音乐

完成上述操作后，剪辑项目基本已完成，接下来还需要为视频添加一段合适的背景音乐。兼顾视听体验的影片更能体现剪辑项目的完整性，也更能打动观众。

01 将"项目"面板中的"背景音乐.mp3"素材拖入"源"监视器面板，如图11-81所示。

02 在"源"监视器面板中，设置当前时间为00:00:00:16，单击面板底部的"标记入点"按钮，如图11-82所示。

图11-81　　　　　　　　　　图11-82

03 设置当前时间为00:00:20:16，单击面板底部的"标记出点"按钮，如图11-83所示。

04 完成音频的范围选取后，长按面板中的"仅拖动音频"按钮，将音频素材拖入时间轴面板的A1轨道中，如图11-84所示。

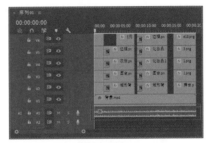

图11-83　　　　　　　　　　图11-84

05 在"效果"面板中搜索"恒定增益"效果，将其拖曳添加至"背景音乐.mp3"素材的起始处；搜索"指数淡化"效果，将其拖曳添加至"背景音乐.mp3"素材的结尾处。此时，时间轴面板中素材的分布效果如图11-85所示。

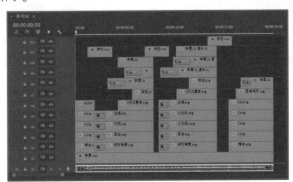

图11-85

11.6 输出视频

完成所有素材的编辑处理后，可在"节目"监视器面板中预览视频效果。如果对影片效果满意，可以按快捷键Ctrl+S将项目进行保存，然后将剪辑进行导出，输出为所需格式，便于分享和随时观赏。

01 执行"文件"|"导出"|"媒体"命令，或按快捷键Ctrl+M，弹出"导出设置"对话框，在"格式"下拉列表中选择"H.264"选项，如图11-86所示。

02 展开"预设"下拉列表，选择"High Quality 720p HD"选项，如图11-87所示。

图11-86

图11-87

03 单击"输出名称"右侧文字，在弹出的"另存为"对话框中，为输出文件设定名称及存储路径，如图11-88所示，完成后单击"保存"按钮。

04 在"导出设置"对话框中，还可以在其他选项中进行更详细的设置，设置完成后单击界面右下角的"导出"按钮，影片开始导出，如图11-89所示。

图11-88

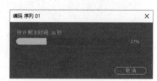
图11-89

05 导出完成后可在设定的计算机存储文件夹中找到输出的MP4格式视频文件，并预览案例的最终完成效果，如图11-90所示。

图11-90

本章将以实例的形式为各位读者讲解一款动感快闪图文展示视频的制作方法，这款视频时尚动感，主要通过画面和文字标题的快慢节奏变化，配合律动的音乐来吸引观众，适合用来制成宣传短片、活动开场等。在确定这类型案例的制作思路前，不妨先找到一曲合适的背景音乐，然后根据音乐的节奏和韵律来编排场景。在制作过程中，大家可以在Premiere Pro中提前标记音乐节奏点，以此来确定视频关键帧的添加位置，这样可以使画面和音乐的融合度更高。

下面会将实例拆分为6个部分进行讲解，分别是"制作开场片段""制作标题展示场景""制作场景切换动画""制作片尾""制作背景音乐"和"输出视频"。本例各部分的展示效果如下。

场景1效果

场景2效果

场景3效果

场景4效果

场景5效果

12.1 制作开场片段

本例的的开场片段主要由图片和文字元素组成。在时间轴面板中添加所需图片及字幕素材后，为素材添加密集的运动关键帧，来使素材实现有节奏的变化。

12.1.1 新建项目并导入素材

01 启动Premiere Pro 2020软件，执行"文件"|"新建"|"项目"命令，或按快捷键Ctrl+Alt+N，弹出"新建项目"对话框，在其中自定义项目的"名称"和"位置"，如图12-1所示，完成后单击"确定"按钮。

02 进入工作界面，执行"文件"|"新建"|"序列"命令，或按快捷键Ctrl+N，弹出"新建序列"对话框，在左侧的"可用预设"列表中选择"HDV"文件夹中的"HDV 720p25"预设，如图12-2所示，完成后单击"确定"按钮。

图12-1 图12-2

03 完成序列的创建后，执行"文件"|"导入"命令，或按快捷键Ctrl+I，弹出"导入"对话框，将路径文件夹中的所有文件选中，如图12-3所示，单击"打开"按钮，将所选文件导入Premiere Pro。

图12-3

12.1.2 制作关键帧动画

01 将"项目"面板中的"沙滩.jpg"素材拖入时间轴面板中的V1视频轨道上，并调整该素材的持续时间为2秒5帧，如图12-4所示。

02 将当前时间设置为00:00:00:07，选择"沙滩.jpg"素材，在"效果控件"面板中单击"缩放"属性前的"切换动画"按钮，在当前时间点创建第一个关键帧，并将"缩放"数值设置为90，如图12-5所示。

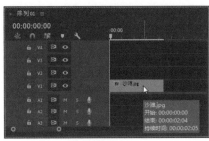

图12-4

图12-5

03 将当前时间设置为00:00:00:09，然后修改"缩放"参数为70，创建第二个关键帧，如图12-6所示。

04 在"效果"面板中搜索"变换"效果，这里选择"扭曲"效果文件夹中的"变换"效果，如图12-7所示，将该效果添加至时间轴面板中的"沙滩.jpg"素材中。

图12-6

图12-7

05 添加"变换"效果后，将当前时间设置为00:00:00:00，选择"沙滩.jpg"素材，在"效果控件"面板中展开"变换"效果栏，单击"缩放"属性前的"切换动画"按钮，在当前时间点创建第一个关键帧，并将"缩放"数值设置为105，如图12-8所示。

06 将当前时间设置为00:00:01:20，然后修改"缩放"参数为100，创建第二个关键帧，如图12-9所示。

图12-8

图12-9

提示 上述操作完成后，在"节目"监视器面板中可预览动画效果。由于为同一对象同时添加了两组"缩放"关键帧，因此会发现图像在起始处做快速缩放运动，同时对象从始至终会有一个缓慢缩放的过程。

12.1.3 添加字幕并制作动画

01 将当前时间设置为00:00:00:09，执行"文件"|"新建"|"旧版标题"命令，弹出"新建字幕"对话框，保持默认设置，创建"字幕01"素材。进入"字幕"面板，使用"文字工具"**T**在工作区域

内输入文字"无人驾驶"，然后在右侧的"旧版标题属性"面板中设置字体、字体大小和颜色等参数，并将文字对象摆放在合适位置，如图12-10所示。

02 关闭"字幕"面板，回到Premiere Pro工作界面。将"项目"面板中的"字幕01"素材拖入时间轴面板中的V2视频轨道上，放置在时间线后方（此时时间线位于00:00:00:09位置），并调整该素材的持续时间为1秒6帧。

03 在时间轴面板中选择"字幕01"素材，在"效果控件"面板中单击"缩放"属性前的"切换动画"按钮 ，在当前的00:00:00:09时间点创建第一个关键帧，并将"缩放"数值设置为0；将当前时间设置为00:00:00:13，然后修改"缩放"数值为100，创建第二个关键帧；将当前时间设置为00:00:00:16，然后修改"缩放"数值为100，创建第三个关键帧；将当前时间设置为00:00:00:18，然后修改"缩放"数值为115，创建第四个关键帧；将当前时间设置为00:00:00:20，然后修改"缩放"数值为115，创建第五个关键帧；将当前时间设置为00:00:00:22，然后修改"缩放"数值为120，创建第六个关键帧；将当前时间设置为00:00:01:00，然后修改"缩放"数值为120，创建第七个关键帧；将当前时间设置为00:00:01:02，然后修改"缩放"数值为130，创建第八个关键帧；将当前时间设置为00:00:01:04，然后修改"缩放"数值为130，创建第九个关键帧；将当前时间设置为00:00:01:06，然后修改"缩放"数值为0，创建第十个关键帧，如图12-11所示。

图12-10

图12-11

04 将"项目"面板中的"游泳.jpg"素材拖入时间轴面板中的V2视频轨道上，使其衔接在"字幕01"素材的后方，并调整该素材的持续时间为2秒8帧，如图12-12所示。

05 在"效果"面板中，搜索"拆分"效果，将其拖曳添加至"字幕01"素材与"游泳.jpg"素材之间，并在"效果控件"面板中调整"拆分"效果的"持续时间"为00:00:00:20，如图12-13所示。

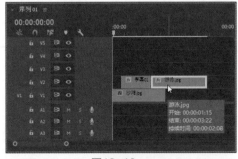

图12-12

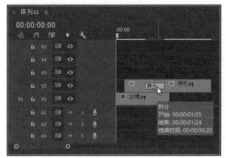

图12-13

06 将当前时间设置为00:00:01:05，选择"游泳.jpg"素材，在"效果控件"面板中单击"缩放"属性前的"切换动画"按钮 ⏱，在该时间点创建第一个关键帧，并将"缩放"数值设置为100；将当前时间设置为00:00:03:07，然后修改"缩放"数值为71，创建第二个关键帧。选中两个关键帧，右击，在弹出的快捷菜单中分别选择一次"缓入"选项和"缓出"选项，改变关键帧状态，使运动更加顺滑，如图12-14所示。

07 将当前时间设置为00:00:01:06，执行"文件"|"新建"|"旧版标题"命令，弹出"新建字幕"对话框，保持默认设置，创建"字幕02"素材。进入"字幕"面板，使用"文字工具" Ⅱ 在工作区域内输入文字"娱乐办公"，然后在右侧的"旧版标题属性"面板中设置字体、文字大小和颜色等参数，并将文字对象摆放在合适位置，如图12-15所示。

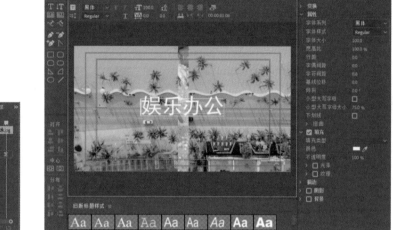

图12-14　　　　　　　　　　　　　　　　　　　图12-15

08 关闭"字幕"面板，回到Premiere Pro工作界面。将"项目"面板中的"字幕02"素材拖入时间轴面板中的V3视频轨道上，放置在时间线后方（此时时间线位于00:00:01:06位置），并调整该素材的持续时间为1秒6帧。

09 在时间轴面板中选择"字幕02"素材，在"效果控件"面板中单击"缩放"属性前的"切换动画"按钮 ⏱，在当前的00:00:01:06时间点创建第一个关键帧，并将"缩放"数值设置为0；将当前时间设置为00:00:01:11，然后修改"缩放"数值为100，创建第二个关键帧；将当前时间设置为00:00:01:14，然后修改"缩放"数值为100，创建第三个关键帧；将当前时间设置为00:00:01:16，然后修改"缩放"数值为115，创建第四个关键帧；将当前时间设置为00:00:01:19，然后修改"缩放"数值为115，创建第五个关键帧；将当前时间设置为00:00:01:21，然后修改"缩放"数值为120，创建第六个关键帧；将当前时间设置为00:00:02:00，然后修改"缩放"数值为120，创建第七个关键帧；将当前时间设置为00:00:02:04，然后修改"缩放"数值为0，创建第八个关键帧，如图12-16所示。

10 将当前时间设置为00:00:02:21，将"项目"面板中的"会议.jpg"素材拖入时间轴面板中的V3视频轨道上，放置在时间线后方，并调整该素材的持续时间为1秒15帧。接着，在"效果"面板中搜索"棋盘"效果，将其拖曳添加至"会议.jpg"素材的起始处，并在"效果控件"面板中调整"棋盘"效果的"持续时间"为00:00:00:24，如图12-17所示。

图12-16

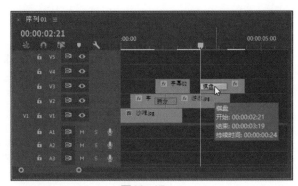
图12-17

12.2 制作标题展示场景

下面为大家讲解标题展示场景的制作。该场景的制作要点在于颜色遮罩的运用，以及字幕素材和关键帧的运用。本场景需要重点表现的对象为文字，因此会通过添加多个关键帧，来实现紧凑且富有节奏感的字幕动画效果。

12.2.1 创建颜色遮罩素材

01 执行"文件"|"新建"|"颜色遮罩"命令，弹出"新建颜色遮罩"对话框，如图12-18所示，保持默认设置，单击"确定"按钮。

02 弹出"拾色器"对话框，在其中选取黑色，如图12-19所示，单击"确定"按钮。

图12-18

图12-19

03 弹出"选择名称"对话框，设置遮罩名称为"黑色"，如图12-20所示，单击"确定"按钮。完成操作后，在"项目"面板中将自动添加"黑色"遮罩素材。

04 将"项目"面板中的"黑色"素材拖入时间轴面板中的V3视频轨道上，使其衔接在"会议.jpg"素材的后方，并调整该素材的持续时间为1秒18帧。接着，在"效果"面板中搜索"推"效果，将其拖曳添加至"会议.jpg"素材与"黑色"素材之间，并在"效果控件"面板中调整"推"效果的"持续时间"为00:00:00:10，如图12-21所示。

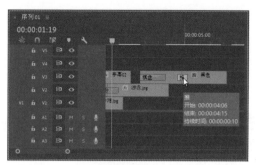

图12-20   图12-21

12.2.2 创建第一组标题动画

01 将当前时间设置为00:00:04:20，执行"文件"|"新建"|"旧版标题"命令，弹出"新建字幕"对话框，保持默认设置，创建"字幕03"素材。进入"字幕"面板，使用"文字工具"**T**在工作区域内输入文字"万物互联"，然后在右侧的"旧版标题属性"面板中设置字体、文字大小和颜色等参数，并将文字对象摆放在合适位置，如图12-22所示。

02 关闭"字幕"面板，回到Premiere Pro工作界面。将"项目"面板中的"字幕03"素材拖入时间轴面板中的V4视频轨道上，放置在时间线后方（此时时间线位于00:00:04:20位置），并调整该素材的持续时间为1秒9帧。

03 在时间轴面板中选择"字幕03"素材，在"效果控件"面板中单击"缩放"属性前的"切换动画"按钮⏱，在当前的00:00:04:20时间点创建第一个关键帧，并将"缩放"数值设置为180；将当前时间设置为00:00:04:23，然后修改"缩放"数值为150，创建第二个关键帧；将当前时间设置为00:00:05:00，然后修改"缩放"数值为150，创建第三个关键帧；将当前时间设置为00:00:05:02，然后修改"缩放"数值为120，创建第四个关键帧；将当前时间设置为00:00:05:05，然后修改"缩放"数值为120，创建第五个关键帧；将当前时间设置为00:00:05:07，然后修改"缩放"数值为100，创建第六个关键帧，如图12-23所示。

图12-22

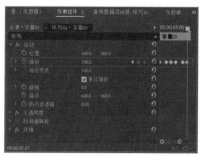

图12-23

04 在"效果"面板中搜索"变换"效果，选择"扭曲"效果文件夹中的"变换"效果，将其添加至时间轴面板中的"字幕03"素材中。在添加"变换"效果后，将当前时间设置为00:00:05:10，选择

"字幕03"素材，在"效果控件"面板中展开"变换"效果栏，取消勾选"等比缩放"复选框，然后单击"缩放宽度"属性前的"切换动画"按钮█，在当前时间点创建第一个关键帧，并将"缩放宽度"数值设置为100，如图12-24所示。

05 将当前时间设置为00:00:05:12，然后修改"缩放宽度"数值为0，创建第二个关键帧，如图12-25所示。

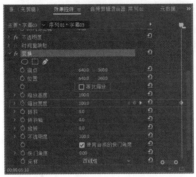

图12-24　　　　　　　　　　　　　图12-25

06 上述操作完成后，在"节目"监视器面板中预览字幕对象的效果，如图12-26所示，字幕将随时间推移逐渐缩放。

图12-26

12.2.3　创建第二组标题动画

01 将当前时间设置为00:00:05:11，执行"文件"|"新建"|"旧版标题"命令，弹出"新建字幕"对话框，保持默认设置，创建"字幕04"素材。进入"字幕"面板，使用"文字工具"█在工作区域内输入文字"超大连接"，然后在右侧的"旧版标题属性"面板中设置字体、文字大小和颜色等参数，并将文字对象摆放在合适位置，如图12-27所示。

02 关闭"字幕"面板，回到Premiere Pro工作界面。将"项目"面板中的"字幕04"素材拖入时间轴面板中的V5视频轨道上，放置在时间线后方（此时时间线位于00:00:05:11位置），并调整该素材的持续时间为18帧。

03 在"效果"面板中搜索"变换"效果，选择"扭曲"效果文件夹中的"变换"效果，将其添加至时间轴面板中的"字幕04"素材中。在添加"变换"效果后，将当前时间设置为00:00:05:11，选择"字幕04"素材，在"效果控件"面板中展开"变换"效果栏，取消勾选"等比缩放"复选框，然后单击"缩放宽度"属性前的"切换动画"按钮█，在当前时间点创建第一个关键帧，并将"缩放宽度"数值设置为0；将当前时间设置为00:00:05:13，然后修改"缩放宽度"数值为100，创建第二个关键帧，如图12-28所示。

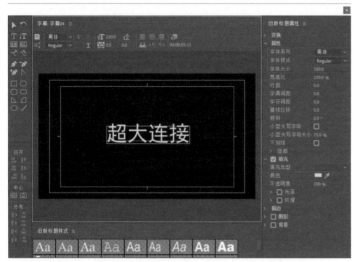
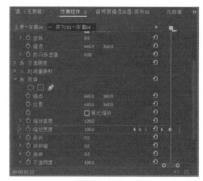

图12-27　　　　　　　　　　　　　　　　　　图12-28

04 将当前时间设置为00:00:05:20，在"效果控件"面板中单击"缩放"属性前的"切换动画"
按钮，在当前时间点创建第一个关键帧，并将"缩放"数值设置为100；将当前时间设置为
00:00:05:22，然后修改"缩放"数值为150，创建第二个关键帧，如图12-29所示。完成操作后，在
"节目"监视器面板中可预览当前画面效果，如图12-30所示。

图12-29　　　　　　　　　　　　　　　图12-30

12.2.4　创建颜色遮罩素材

01 执行"文件"|"新建"|"颜色遮罩"命令，弹出"新建颜色遮罩"对话框，保持默认设置，单击"确
定"按钮。接着弹出"拾色器"对话框，在其中选取白色，如图12-31所示，单击"确定"按钮。

02 弹出"选择名称"对话框，设置遮罩名称为"白色"，如图12-32所示，单击"确定"按钮。完成
操作后，在"项目"面板中将自动添加"白色"遮罩素材。

图12-31　　　　　　　　　　　　　　　图12-32

03 将当前时间设置为00:00:05:23，将"项目"面板中的"白色"素材拖入时间轴面板中的V6视频轨道上，放置在时间线后方，并调整该素材的持续时间为2秒14帧。接着，在"效果"面板中搜索"双侧平推门"效果，将其拖曳添加至"白色"素材的起始处，并在"效果控件"面板中调整"双侧平推门"效果的"持续时间"为00:00:00:10，如图12-33所示。

12.2.5 创建第三组标题动画

01 将当前时间设置为00:00:06:03，执行"文件"|"新建"|"旧版标题"命令，弹出"新建字幕"对话框，保持默认设置，创建"字幕05"素材。进入"字幕"面板，使用"文字工具" **T** 在工作区域内输入文字"超低时延"，然后在右侧的"旧版标题属性"面板中设置字体、文字大小和颜色等参数，并将文字对象摆放在合适位置，如图12-34所示。

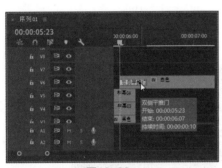

图12-33

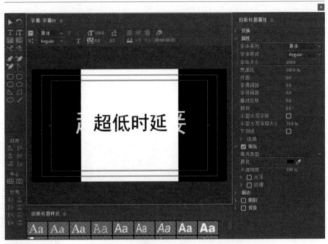

图12-34

02 关闭"字幕"面板，回到Premiere Pro工作界面。将"项目"面板中的"字幕05"素材拖入时间轴面板中的V7视频轨道上，放置在时间线后方（此时时间线位于00:00:06:03位置），并调整该素材的持续时间为2秒9帧。

03 将当前时间设置为00:00:06:08，在时间轴面板中选择"字幕05"素材，在"效果控件"面板中单击"缩放"属性前的"切换动画"按钮 ，在当前时间点创建第一个关键帧，并将"缩放"数值设置为100；将当前时间设置为00:00:06:10，然后修改"缩放"数值为110，创建第二个关键帧；将当前时间设置为00:00:06:14，然后修改"缩放"数值为110，创建第三个关键帧；将当前时间设置为00:00:06:16，然后修改"缩放"数值为120，创建第四个关键帧；将当前时间设置为00:00:06:18，然后修改"缩放"数值为120，创建第五个关键帧；将当前时间设置为00:00:06:20，然后修改"缩放"数值为130，创建第六个关键帧；将当前时间设置为00:00:06:23，然后修改"缩放"数值为130，创建第七个关键帧；将当前时间设置为00:00:07:00，然后修改"缩放"数值为150，创建第八个关键帧，如图12-35所示。

04 在"效果"面板中搜索"变换"效果，选择"扭曲"效果文件夹中的"变换"效果，将其添加至时间轴面板中的"字幕05"素材中。

05 在添加"变换"效果后，将当前时间设置为00:00:06:03，选择"字幕05"素材，在"效果控件"面板中展开"变换"效果栏，取消勾选"等比缩放"复选框，然后单击"缩放宽度"属性前的"切换动画"按钮 ，在当前时间点创建第一个关键帧，并将"缩放宽度"数值设置为50；将当前时间设置为00:00:06:06，然后修改"缩放宽度"数值为100，创建第二个关键帧。接着，将当前时间设置为00:00:07:06，单击"缩放高度"属性前的"切换动画"按钮 ⊙，在当前时间点创建第一个关键帧，并将"缩放高度"数值设置为100；将当前时间设置为00:00:07:09，然后修改"缩放高度"数值为0，创建第二个关键帧，如图12-36所示。

图12-35

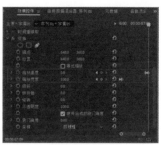
图12-36

12.2.6　创建第四组标题动画

01 将当前时间设置为00:00:07:08，执行"文件"|"新建"|"旧版标题"命令，弹出"新建字幕"对话框，保持默认设置，创建"字幕06"素材。进入"字幕"面板，使用"文字工具" **T** 在工作区域内输入文字"超高速率"，然后在右侧的"旧版标题属性"面板中设置字体、文字大小和颜色等参数，并将文字对象摆放在合适位置，如图12-37所示。

02 关闭"字幕"面板，回到Premiere Pro工作界面。将"项目"面板中的"字幕06"素材拖入时间轴面板中的V8视频轨道上，放置在时间线后方（此时时间线位于00:00:07:08位置），并调整该素材的持续时间为1秒4帧。

03 在"效果"面板中搜索"变换"效果，选择"扭曲"效果文件夹中的"变换"效果，将其添加至时间轴面板中的"字幕06"素材中。

04 在添加"变换"效果后，选择"字幕06"素材，在"效果控件"面板中设置"缩放"数值为58，将文字对象适当缩小一些。接着，展开"变换"效果栏，取消勾选"等比缩放"复选框，然后在00:00:07:08时间点，单击"缩放高度"属性前的"切换动画"按钮 ⊙，在当前时间点创建第一个关键帧，并将"缩放高度"数值设置为0；将当前时间设置为00:00:07:10，然后修改"缩放高度"数值为100，创建第二个关键帧，如图12-38所示。

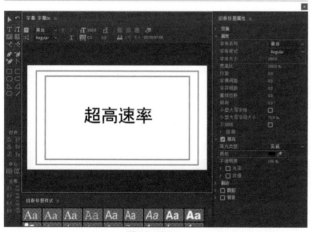
图12-37

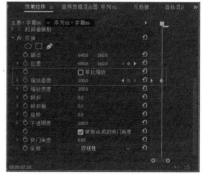
图12-38

05 将当前时间设置为00:00:07:16，单击"位置"属性前的"切换动画"按钮，在当前时间点创建第一个关键帧，并将"位置"参数设置为600、360；将当前时间设置为00:00:07:18，然后修改"位置"参数为500、360，创建第二个关键帧；将当前时间设置为00:00:07:23，然后修改"位置"参数为500、360，创建第三个关键帧；将当前时间设置为00:00:08:00，然后修改"位置"参数为436、360，创建第四个关键帧，如图12-39所示。

06 将当前时间设置为00:00:07:18，执行"文件"|"新建"|"旧版标题"命令，弹出"新建字幕"对话框，保持默认设置，创建"字幕07"素材。进入"字幕"面板，使用"文字工具"在工作区域内输入文字"更快"，然后在右侧的"旧版标题属性"面板中设置字体、文字大小和颜色等参数，并将文字对象摆放在合适位置，如图12-40所示。

图12-39

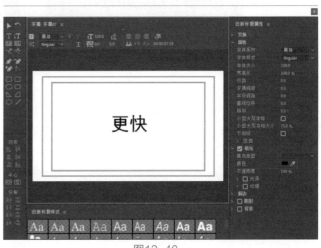

图12-40

07 关闭"字幕"面板，回到Premiere Pro工作界面。将"项目"面板中的"字幕07"素材拖入时间轴面板中的V9视频轨道上，放置在时间线后方（此时时间线位于00:00:07:18位置），并调整该素材的持续时间为19帧。

08 选择"字幕07"素材，在"效果控件"面板中设置"位置"参数为785、360，"缩放"数值为58，如图12-41所示。

09 上述操作完成后，可在"节目"监视器面板中预览当前画面效果，如图12-42所示。

图12-41

图12-42

12.3 制作场景切换动画

在完成标题展示场景的制作后，紧接其后的是几组场景切换动画。下面就为大家拆分讲解图像开合转场效果、图像推移切换效果、模糊推移切换效果的制作。

12.3.1　制作图像开合转场效果

01 将当前时间设置为00:00:08:03，将"项目"面板中的"便条.jpg"素材拖入时间轴面板中的V10视频轨道上，放置在时间线后，并调整该素材的持续时间为1秒，如图12-43所示。

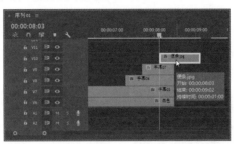

图12-43

02 在"效果"面板中搜索"裁剪"效果，将其添加至时间轴面板中的"便条.jpg"素材中，然后在"效果控件"面板中展开"裁剪"效果栏，调整"左侧"参数为50%，如图12-44所示。

03 在00:00:08:03时间点，单击"位置"属性前的"切换动画"按钮 ，在当前时间点创建第一个关键帧，并将"位置"参数设置为1312、360；将当前时间设置为00:00:08:09，然后修改"位置"参数为640、360，创建第二个关键帧，如图12-45所示。

图12-44　　　　　　　　　　　图12-45

04 在00:00:08:03时间点，单击"缩放"属性前的"切换动画"按钮 ，在当前时间点创建第一个关键帧，并将"缩放"数值设置为100；将当前时间设置为00:00:09:02，然后修改"缩放"数值为70，创建第二个关键帧。选中两个关键帧，右击，在弹出的快捷菜单中分别选择一次"缓入"选项和"缓出"选项，改变关键帧状态，使运动更加顺滑，如图12-46所示。

05 在"效果"面板中搜索"快速模糊"效果，将其添加至时间轴面板中的"便条.jpg"素材中，然后在"效果控件"面板中展开"快速模糊"效果栏，设置"模糊维度"为"水平"，勾选"重复边缘像素"复选框。接着，在00:00:08:03时间点，单击"模糊度"属性前的"切换动画"按钮 ，在当前时间点创建第一个关键帧，并将"模糊度"数值设置为300；将当前时间设置为00:00:08:08，然后修改"模糊度"数值为0，创建第二个关键帧，如图12-47所示。

图12-46　　　　　　　　　　　图12-47

06 在"效果"面板中搜索"偏移"效果，将其添加至时间轴面板中的"便条.jpg"素材中，然后在"效果控件"面板中展开"偏移"效果栏，在00:00:08:18时间点，单击"将中心移位至"属性前的"切换动画"按钮 ，在当前时间点创建第一个关键帧，并将"将中心移位至"参数设置为960、640；将当前时间设置为00:00:08:23，然后修改"将中心移位至"参数为960、465，创建第二个关键帧。选中两个关键帧，右击，在弹出的快捷菜单中分别选择一次"临时插值"|"缓入"选项和"临时插值"|"缓出"选项，改变关键帧状态，使运动更加顺滑，如图12-48所示。

07 在时间轴面板中，按住Alt键，将V10轨道中的"便条.jpg"素材拖动复制一个至V11轨道，如图12-49所示。

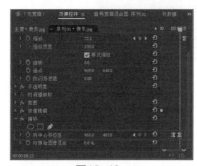
图12-48

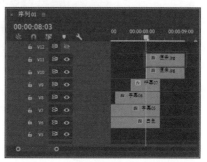
图12-49

08 选择V11轨道中的"便条.jpg"素材，在"效果控件"面板中，修改00:00:08:03时间点的"位置"参数为0、360；修改00:00:08:09时间点的"位置"参数为640、360，如图12-50和图12-51所示。

图12-50

图12-51

09 上述操作完成后，在"节目"监视器面板中可预览当前画面效果，如图12-52所示。

图12-52

12.3.2 制作图像推移切换效果

01 将当前时间设置为00:00:08:23，将"项目"面板中的"夕阳.jpg"素材拖入时间轴面板中的V12视频轨道上，放置在时间线后，并调整该素材的持续时间为1秒，如图12-53所示。

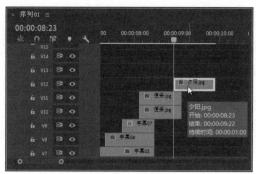

图12-53

02 选择时间轴面板中的"夕阳.jpg"素材，在"效果控件"面板中，在00:00:08:23时间点，单击"缩放"属性前的"切换动画"按钮，在当前时间点创建第一个关键帧，并将"缩放"数值设置为100；将当前时间设置为00:00:09:21，然后修改"缩放"数值为68，创建第二个关键帧。选中两个关键帧，右击，在弹出的快捷菜单中分别选择一次"缓入"选项和"缓出"选项，改变关键帧状态，使运动更加顺滑，如图12-54所示。

03 在"效果"面板中搜索"偏移"效果，将其添加至时间轴面板中的"便条.jpg"素材中，然后在"效果控件"面板中展开"偏移"效果栏，在00:00:08:23时间点，单击"将中心移位至"属性前的"切换动画"按钮，在当前时间点创建第一个关键帧，并将"将中心移位至"参数设置为960、960；将当前时间设置为00:00:09:06，然后修改"将中心移位至"参数为960、364，创建第二个关键帧。选中两个关键帧，右击，在弹出的快捷菜单中分别选择一次"临时插值"|"缓入"选项和"临时插值"|"缓出"选项，改变关键帧状态，使运动更加顺滑，如图12-55所示。

图12-54

图12-55

04 在"效果"面板中再次选择"偏移"效果，将其添加至时间轴面板中的"便条.jpg"素材中。然后在"效果控件"面板中展开"偏移"效果栏，在00:00:09:04时间点，单击"将中心移位至"属性前的"切换动画"按钮，在当前时间点创建第一个关键帧，并将"将中心移位至"参数设置为960、640；将当前时间设置为00:00:09:09，然后修改"将中心移位至"参数为943、640，创建第二个关键帧。选中两个关键帧，右击，在弹出的快捷菜单中分别选择一次"临时插值"|"缓入"选项和"临时插值"|"缓出"选项，改变关键帧状态，使运动更加顺滑，如图12-56所示。

05 将当前时间设置为00:00:09:09，将"项目"面板中的"食物.jpg"素材拖入时间轴面板中的V13视频轨道上，放置在时间线后，并调整该素材的持续时间为1秒。选择"食物.jpg"素材，在"效果控件"面板中，在00:00:09:09时间点，单击"缩放"属性前的"切换动画"按钮，在当前时间点创建第一个关键帧，并将"缩放"数值设置为85；将当前时间设置为00:00:10:11，然后修改"缩放"数值为71，创建第二个关键帧。选中两个关键帧，右击，在弹出的快捷菜单中分别选择一次"缓入"选项和"缓出"选项，改变关键帧状态，使运动更加顺滑，如图12-57所示。

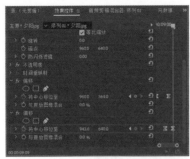

图12-56 　　　　　　　　　　　　　　　图12-57

06 在"效果"面板中搜索"偏移"效果，将其添加至时间轴面板中的"食物.jpg"素材中，然后在"效果控件"面板中展开"偏移"效果栏，在00:00:09:09时间点，单击"将中心移位至"属性前的"切换动画"按钮■，在当前时间点创建第一个关键帧，并将"将中心移位至"参数设置为960、949；将当前时间设置为00:00:09:15，然后修改"将中心移位至"参数为960、760，创建第二个关键帧。选中两个关键帧，右击，在弹出的快捷菜单中分别选择一次"临时插值"|"缓入"选项和"临时插值"|"缓出"选项，改变关键帧状态，使运动更加顺滑，如图12-58所示。

07 完成上述操作后，在"节目"监视器面板中可预览当前图像效果，如图12-59所示。

图12-58 　　　　　　　　　　　　　　　图12-59

12.3.3 制作模糊推移切换效果

01 将当前时间设置为00:00:09:22，将"项目"面板中的"咖啡.jpg"素材拖入时间轴面板中的V14视频轨道上，放置在时间线后，并调整该素材的持续时间为1秒9帧。选择"咖啡.jpg"素材，在"效果控件"面板中，在00:00:09:22时间点，单击"缩放"属性前的"切换动画"按钮■，在当前时间点创建第一个关键帧，并将"缩放"数值设置为80；将当前时间设置为00:00:11:04，然后修改"缩放"数值为72，创建第二个关键帧。选中两个关键帧，右击，在弹出的快捷菜单中分别选择一次"缓入"选项和"缓出"选项，改变关键帧状态，使运动更加顺滑，如图12-60所示。

02 在"效果"面板中搜索"偏移"效果，将其添加至时间轴面板中的"咖啡.jpg"素材中，然后在"效果控件"面板中展开"偏移"效果栏，在00:00:09:22时间点，单击"将中心移位至"属性前的"切换动画"按钮■，在当前时间点创建第一个关键帧，并将"将中心移位至"参数设置为960、1346；将当前时间设置为00:00:10:04，然后修改"将中心移位至"参数为960、667，创建第二个关键帧。选中两个关键帧，右击，在弹出的快捷菜单中分别选择一次"临时插值"|"缓入"选项和"临时插值"|"缓出"选项，改变关键帧状态，使运动更加顺滑，如图12-61所示。

03 执行"文件"|"新建"|"调整图层"命令，弹出"调整图层"对话框，如图12-62所示，保持默认设置，单击"确定"按钮，将在"项目"面板中生成一个"调整图层"素材。

图12-60　　　　　　　　　　　　　　　图12-61

04 将当前时间设置为00:00:09:17，将"项目"面板中的"调整图层"素材拖入时间轴面板中的V15视频轨道上，放置在时间线后，并调整该素材的持续时间为18帧。

05 在"效果"面板中搜索"快速模糊"效果，将其添加至时间轴面板中的"调整图层"素材中，然后在"效果控件"面板中展开"快速模糊"效果栏，在00:00:09:17时间点，单击"模糊度"属性前的"切换动画"按钮○，在当前时间点创建第一个关键帧，并将"模糊度"数值设置为0；将当前时间设置为00:00:09:21，然后修改"模糊度"数值为20，创建第二个关键帧；将当前时间设置为00:00:10:09，然后修改"模糊度"数值为0，创建第三个关键帧，如图12-63所示。

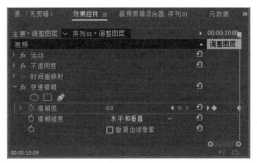

图12-62　　　　　　　　　　　　　　　图12-63

12.4　制作片尾

本例的片尾效果比较简单，主要通过在对应时间点添加颜色遮罩素材，并创建结束字幕来完成整个效果的制作。下面为大家讲解具体制作方法。

01 将当前时间设置为00:00:11:06，将"项目"面板中的"黑色"素材拖入时间轴面板中的V14视频轨道上，放置在时间线后（衔接在"咖啡.jpg"素材后方），并调整该素材的持续时间为1秒18帧，如图12-64所示。

02 将当前时间设置为00:00:11:10，执行"文件"|"新建"|"旧版标题"命令，弹出"新建字幕"对话框，保持默认设置，创建"字幕08"素材。进入"字幕"面板，使用"文字工具"**T**在工作区域内输入文字"智享5G生活"，然后在右侧的"旧版标题属性"面板中设置字体、文字大小和颜色等参数，并将文字对象摆放在合适位置，如图12-65所示。

03 关闭"字幕"面板，回到Premiere Pro工作界面。将"项目"面板中的"字幕08"素材拖入时间轴面板中的V15视频轨道上，放置在时间线后方（此时时间线位于00:00:11:10位置），并调整该素材的持续时间为1秒14帧，如图12-66所示。

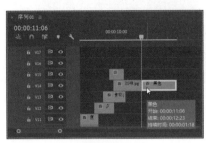

图12-64

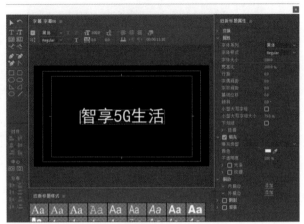

图12-65

04 在时间面板中选中"字幕08"素材，进入"效果控件"面板，在00:00:11:10时间点，单击"缩放"属性前的"切换动画"按钮 ⊙，创建第一个关键帧，并将"缩放"数值设置为150；将当前时间设置为00:00:12:22，然后修改"缩放"数值为100，创建第二个关键帧。选中两个关键帧，右击，在弹出的快捷菜单中分别选择一次"缓入"选项和"缓出"选项，改变关键帧状态，使运动更加顺滑，如图12-67所示。

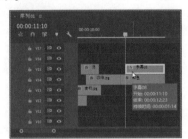

图12-66

图12-67

12.5 添加背景音乐

完成上述操作后，剪辑项目基本已完成，接下来还需要为视频添加一段合适的背景音乐。兼顾视听体验的影片更能体现剪辑项目的完整性，也更能打动观众。

01 将"项目"面板中的"配乐.mp3"素材拖入"源"监视器面板，如图12-68所示。

02 在"源"监视器面板中，设置当前时间为00:00:00:00，单击面板底部的"标记入点"按钮 ，如图12-69所示。

03 设置当前时间为00:00:02:01，单击面板底部的"标记出点"按钮 ，如图12-70所示。

04 完成音频的范围选取后，长按面板中的"仅拖动音频"按钮 ，将音频素材拖入时间轴面板的A1轨道中，如图12-71所示。

05 用上述同样的方法，回到"源"监视器面板中，设置当前时间为00:00:21:02，单击面板底部的"标记入点"按钮 ；设置当前时间为00:00:32:10，单击面板底部的"标记出点"按钮 ，完成音频范围选取，如图12-72所示。

06 长按面板中的"仅拖动音频"按钮 ，将音频素材拖入时间轴面板的A1轨道中，衔接在第一段音频后方，如图12-73所示。

图12-68

图12-69

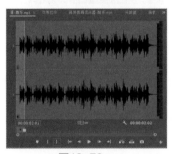

图12-70

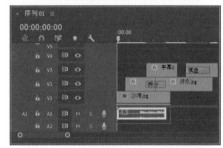

图12-71

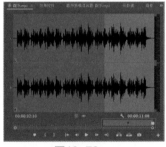

图12-72

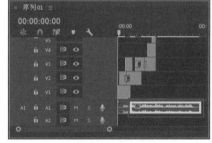

图12-73

07 至此，就完成了所有素材的添加与制作工作，时间轴面板中素材的分布效果如图12-74所示。

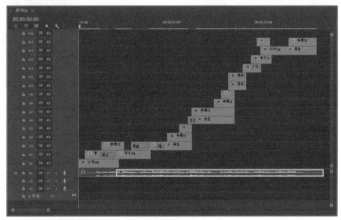

图12-74

12.6 输出视频

完成所有素材的编辑处理后，可在"节目"监视器面板中预览视频效果。如果对影片效果满意，可以按快捷键Ctrl+S将项目进行保存，然后将视频进行导出，输出为所需格式，便于分享和随时观赏。

01 执行"文件"|"导出"|"媒体"命令，或按快捷键Ctrl+M，弹出"导出设置"对话框，在"格式"下拉列表中选择"H.264"选项，如图12-75所示。

02 展开"预设"下拉列表，选择"High Quality 720p HD"选项，如图12-76所示。

图12-75

图12-76

03 单击"输出名称"右侧文字，在弹出的"另存为"对话框中，为输出文件设定名称及存储路径，如图12-77所示，完成后单击"保存"按钮。

04 在"导出设置"对话框，还可以在其他选项中进行更详细的设置，设置完成后单击界面右下角的"导出"按钮，影片开始导出，如图12-78所示。

图12-77

图12-78

05 导出完成后可在设定的计算机存储文件夹中找到输出的MP4格式视频文件，并预览案例的最终完成效果，如图12-79所示。

图12-79